复利思维

人生就像滚雪球

王智远 著

COMPOUND INTEREST
MIND BEND

中国水利水电出版社
www.waterpub.com.cn
·北京·

内 容 提 要

绝大多数成功，是抓住了复利：积小胜为大胜，积小事为大事，积小利为复利。知识就是可以复利的，可以不断传播的。没有复利，即使你今天第一，明天可能就会被超越。然而，大多数人是时间点的朋友，不是时间的朋友。不管是工作还是生活，朴素的坚持，有时比无畏的寻求更重要。量变逼着质变，而不是量变带来质变。随着时间的拉长，边际成本足够低，收益才会慢慢变大。这就是复利的道理，这本书将会帮助你少走弯路，快速实现人生复利。

图书在版编目（ＣＩＰ）数据

复利思维 / 王智远著. -- 北京 ：中国水利水电出版社，2021.6
　　ISBN 978-7-5170-9624-5

　　Ⅰ．①复… Ⅱ．①王… Ⅲ．①成功心理－通俗读物 Ⅳ．①B848.4-49

中国版本图书馆CIP数据核字(2021)第101050号

书　　名	**复利思维** FULI SIWEI
作　　者	王智远　著
出版发行	中国水利水电出版社 （北京市海淀区玉渊潭南路1号D座　100038） 网址：www.waterpub.com.cn E-mail：sales@waterpub.com.cn 电话：（010）68367658（营销中心）
经　　售	北京科水图书销售中心（零售） 电话：（010）88383994、63202643、68545874 全国各地新华书店和相关出版物销售网点
排　　版	北京水利万物传媒有限公司
印　　刷	唐山楠萍印务有限公司
规　　格	146mm×210mm　32开本　9印张　180千字
版　　次	2021年6月第1版　2021年6月第1次印刷
定　　价	52.00元

推荐语

　　我们很多时候并不是不努力不勤奋，而是没有找到正确的方法。这就好像我们做企业，要找到幂定律所在。复利这样一个商业词汇被拿出来描述思维，再好不过。这是一种很新的描述。

——元气森林创始人　唐彬森

　　在我看来《复利思维》不像一本书，更像一个人成长的方法论。不是长篇大论的教条，而是提供了在工作和生活中可实践的复利场景图。不管你是从事什么职业，扮演什么角色，这本书都能对你有所启发。

——36氪CEO　冯大刚

　　对于"复利"这个词我们都很熟悉，但这本书将复利和思维方式结合起来，确实是个非常新颖的理解方式。我感受到了一种更为踏实的力量，让我们一切从底层的底层做起。

——云集APP高级副总裁　张铁成

做正确的事，这个选择，开始的时候常常是特别难的。当你知道复利思维，你就会少一份慌张，多一份坚持。特别是在创业过程中，坚持复利的成长，这是正确地做事所需要的。

——C咖小罐膜创始人　肖荣燊

绝大多数成功，是抓住了复利：积小胜为大胜，积小事为大事，积小利为复利。知识就是可以复利的，可以不断传播的。没有复利，即使你今天第一，明天也会有人超越你。然而，大多数人是时间点的朋友，不是时间的朋友。不管是工作还是生活，朴素的坚持，有时比无畏的寻求更重要。量变逼着质变，而不是量变带来质变。随着时间的拉长，边际成本足够低，收益才会慢慢变大，这也是笔记侠所践行的。这就是复利的道理，越早知道复利的道理和规律，越少走弯路。因此，推荐你阅读这本书。

——笔记侠创始人　柯洲

智远是我的朋友中逻辑性和系统性很强的一个，读完《复利思维》这本书，更为他思考的深度和广度所震撼。在我看来，这本书提供的不仅仅是方法论，也包含着价值观。期待更多的读者学习完本书，可以养成复利思维的习惯。

——镜湖资本创始人　吴幽

复利思维这本书要告诉大家的是，不要惧怕现在拥有的东西过于琐碎和细小，这些都是未来某一刻的财富。不要觉得滚雪球就必须在厚重的雪地里才能变成大的雪球，只要是积累足够多，雪球依旧滚得成。

——梦饷集团高级副总裁 巨颖

信息泛滥的当下，如果有作者能努力贡献一本"不让人茫然，不知所措"的逻辑清晰的作品，真的很庆幸。智远的《复利思维》推荐阅读，这本书把日拱一卒的行动力为什么会获得巨大奖赏的逻辑说清楚了。曾国藩的"结硬寨，打呆仗"看起来笨，可为什么会赢？还得了半个圣人的称号？看完这本书，就能搞明白这个逻辑。复利是常识，常识比知识更重要。

——豆盟科技创始人 杨斌

看完这本书后，我真的很意外。感叹于他对知识架构的理解，也惊喜于他一直在不断思考的成果。他的思维模式一直贯穿于他自己的工作中，这本书集合了他多年工作和学习中的经验与思考，并用复利这样一个新型的知识构架阐述出来。

——黑洞资本合伙人 杨蓉

（排名不分先后）

用复利，应对不确定性

如果你正在阅读这本书，我想你至少是一个希望自己不断变得更好的人，想要追求"复利人生"的人，或许正是因为这样，使得你选择这本书，让我们有了对话。

我赋予这本书一个重要的使命——它要成为一本开启"人生复利思维"结构的书。当然，这也是一本关于"思维进步"的书，进步的核心方法论便是掌握大脑中最重要的东西——思考方式，同时在针对性的场景中改变自己。

2019年年底，图书策划人找我约稿，问我要不要考虑写一本和"复利"相关的书。由于工作较忙，当时我们只是有了联系，并没有真正开始想投入。但随后赶上了2020年年初COVID-19（新冠肺炎）疫情的爆发，多数人被隔离在家办公，我看到很多年轻人过年时辞职，年后受各种因素影响而无法正常工作。所有事情由于不确定性因素的影响，瞬间戛然而止。我和很多年轻人一样，在家隔离办公，尽管一切还算顺利，但在我的内心中突然多了一份"恐惧感"，但最初我并不知道这份恐惧感来自哪里。

迷茫、焦虑？好像都不是，最后我和内心的自己对话，终于找到了"恐惧"的来源——不确定性。不确定性的行业变化，不确定性的未来，甚至不确定性的人生目标，等等，这些外界信息带来的各种嘈杂声，让我陷入焦虑中。

那段时间，我在家里反思"我的职业生涯有多长""我的未来是什么样子的""做什么才能到达到长期复利"……经过一系列的思考，从模糊到清晰，渐渐地我找到了答案。当我把很多碎片化思考的观点分享到社交自媒体平台的时候，引起了众多读者的反馈。他们认为我写的有道理，能够深入浅出地表达出思考背后的认知，给自己带来觉醒性的启发，而这些问题正是人们日常所遇到的，只是没有人能够更加系统而全面地表达出来。从那一刻起，我的内心多了一分力量，而这份力量也打消了我曾经埋在心里许久的"不确定性"。于是我在策划的帮助下，开始了这本书的写作。

2017年，我注册了个人公众号"王智远"，但并未开始写作，直至2019年年底，我看到很多渴望成长的人，于是决定在写作的自我成长道路上也能够帮助别人，开始了详细的写作规划和实施。经过近两年时间的积累，我获得众多付费用户，在解决各种读者问题的同时，探索出一套自己的方法，而这些方法也是大家最为关心的。

在我的公众号后台，经常会有读者问我：日常高效学习需要注意什么，如何实现长期成长，怎样专注去做一件事等，正是这些相关问题的积累，勾勒出了这本书的基本框架。当我看到这本书的框架时，我才发现它解决了我不确定性的原始问题："人生做什么才能实现复利？"这个问题我想了许久，也询问过很多人，但他们给我的答案都不相同，比如开连锁店、创业、积累无形资产、做个人品牌、保持强壮的身体等。我认为这些都对，他们都站在自身角度给予我不同的反馈。在这本书中，我认为真正能够让人实现复利的，不单单是一则简单的公式，也并非是投入一件小事乘以365天的努力。

复利的核心是底层知识复利，唯有大脑中的思维模型不断增加，然后刻意练习，让自己拥有匠心的精神，投入当下的每件小事中，它才可能随着时间的拉长，使得边际成本足够低，收益才会逐渐增大。当然这些不仅仅表现在金钱维度，还包括个人认知的高度以及健康等。所以我认为，让人实现复利的是思维方式，是持续向上学习的动力，只有拥有复利的基础思维，大脑的认知才能不断被迭代，才能让人生在各个方面实现跃迁。在本书中，我从六个板块尽可能多维度地概括人生中遇到的"复利场景"，横切面包括"生活、成长、工作、商业"等；纵切面从每个思维的定义、抽离、辨别、案例、筛选、设计、反馈、系统等维度拨开云雾寻找本质的方法论，让人从一团乱麻的场景中能够理清思绪。

第一个模块：思维复利。我们每天工作其实都不是为别人而做，而是在为"资产"付出。互联网时代，最小成本撬动"能量"的方式便是趁早积累自身的无形资产，这些资产包含个人品牌、工作经验梳理的知识体系等。如果你是一名普通人，只要你有能说会写的能力，这份红利同样适合现在的你。

无论你处于哪个年龄阶段，都要找到3～5年的阶段目标，然后把它精确到每月、每天进行量化，用把一件事做到极致的匠心精神去对待，在这个过程中，你会遇到各种嘈杂信息带来的熵增，要有意识地去做减法，这样才不会每天陷入无序的状态里。

第二个模块：时间复利。如果从长期角度来思考，时间复利是否是"伪命题"，取决于个人对某件事的投入产出比，在享受时间复利的路上，你可能遇到投入带来的"沉没成本"，也有额外的机会红利。假设方向正确且坚持时间够长、壁垒够高，那么贴现成本将会很低。

钱只是努力的结果，把事情做好，才能获取更多收入。穷人之所以穷，是因为绝大多数人"挣多少，花多少"，根本不考虑以后；富人之所以富有，是因为他们明白要用"更多的金钱"去做杠杆投资。人生是一场"现金流"的游戏，如果没有趁早培养财商思维，那么在时间的洪流中每个人就是一场"老鼠赛跑"，只能通过拼命工作、努力加班的形式用时间来换取固定的收入。

　　第三个模块：学习复利。在学习的时候，如果能找到一套有效的学习方法，那么学习的效率就能够有很高的飞跃。什么是有效的学习？最重要的就是设计自己的学习系统。知识就像一棵大树，由主干、分叉、树叶等组成，其中树叶就像碎片化的知识，有效学习就是把它们进行串联，使之形成体系。在这本书里，我会提供一套完善的构建学习体系的方法论，帮助你构建知识体系。

　　第四个模块：认知复利。认知复利的核心在于闭环，学习的东西构不成闭环等于白学。每个人都有幸存者偏差，认为很多幸运的事情会降临到自己身上，比如一直做擅长的事情，认为随着时间的拉长就能成为企业的管理者，却不知管理者要求的是综合能力。而在学习的过程中，如果你一直在做自身擅长的事情，就会掉入"能力陷阱"中。如何才能有效地避免这种情况发生呢？我从四个方面进行了阐述，如果坚持实践下去，还能提高自身的幸福指数。

　　第五个模块：成长复利。和竞争对手在技能、实力水平各维度相当的情况下，不如采用错位竞争的方式快速提高自身壁垒，本书从五个方面教你如何搭建框架、完善流程、建立体系和底层逻辑。如果再背负点压力，或许你会成长得更快。而这一切就是典型的"马蝇效应"。对于阶段目标设计，如同舒适区"三圈理论"，不能盲目而定，找到自己的张力很重要。在这个过程中，我们对于"自我的认知"的认识很多来自别人的看法和多数的声音，这才是最大的危机，而对此如何有效地避免，这一章同样也有方法论分享给你。

第六个模块：习惯复利。复利中也有一些"微习惯"是需要我们去改变的，比如，多数人在决策的时候最常用的思考方式是从众思维，即最初你可能遵循自己的内心在行动，可因为周围人的一句话就会轻易改变方向，这些都是值得注意的事。其次也要懂得克制欲望，随着年龄的增长，不论是精神层面还是物质层面，我们内心想要的东西会不断增加，这将大幅度地影响我们成事的能力。克制不是停止而是疏通，我从欲望产生的心理结构的角度切入，设定两个不同的方法论来帮助改善。

书中所有的思维模型都是经过我实践的得出的结论。受益于这套方法论，我避开了很多陷阱，取得了多项事业的发展，也获得了很多快乐。同样，我相信这些东西对你们未来的成长也会大有裨益。

《复利思维》其实是一本工具书，没有长篇大论的教条，更像由一个个片段构成的场景图。每个篇章都有其核心，全书并没有围绕一个方面聚焦，而是多维度展开表达复利场景和复利思维。

学习的本质是"取长补短"。如果在看完目录时，你对某个主题感兴趣，可以直接跳到相关章节进行阅读；如果时间充裕，我希望你能够从头开始，因为书中的部分内容是有所穿插黏带、呈现相互作用的，它们就像积木一样是会慢慢呈现的。

这本书适合所有拥有向上成长思维和愿意不断进步的人阅读，不管你从事什么职业、扮演什么角色，它都能在某些方面对你有所启发。特别是对于那些目前正处于迷茫期、焦虑期，缺少长期目标又想改变自己的年轻人，读完之后肯定会受益匪浅，找到自己底层复利的基础认知，开启新的视野。

从构建框架到写成书，这是一个漫长的过程，在这个过程中，我最想要感谢的是我身边的诸多社群朋友，也感谢给我提出问题的人，是他们给我带来灵感让我拥有充分的时间进行创作。

在《复利思维》的出版和传播过程中，策划编辑和出版社付出了诸多心血，也感谢他们的匠心精神，对专业文字编辑与细节策划工作的执着。复利思维含义很广泛，里面的一些模块必有考虑不周之处，真切希望看完此书的相关专家朋友给予更多的批判指正，以便在后续版本中加以完善。

看到这里，你对这本书能解决哪些复利中遇到的问题一定也有了基础认知，因此，我希望这本书能够帮助你掌握正确的方法，理解复利的不同维度，少走弯路，不断进步。愿我们都能拥有真知灼见。此刻，就请你做好翻页的动作吧，就当我们初次见面认识的一次握手："幸会，我是智远，很高兴认识你。"

成长的第一策略
——复利思维

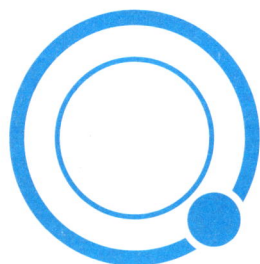

复利思维
人生就像滚雪球

著名的科学家爱因斯坦曾经说，世界上最强大的力量，是时间和复利。在我看来，基于时间产生的复利效应，拥有着最强大的力量。复利思维是通过掌握底层规律，使事物按照一定的指数不断反复增强的思维模式。在金融领域，复利可以理解为用利息获得利息，让金钱像滚雪球一样倍增。

复利思维有一个很著名的案例：假设有一个非常大的国际象棋棋盘，从棋盘左上角的格子上依次放一粒米，第二格放两粒，第三格放四粒，依次类推，下一格是前一格的一倍，直到第64个格，总共是1844亿亿左右，相当于中国1000年的粮食产量总和。这个事例告诉我们，每一个开始都看上去很不起眼，但坚持积累之后，总会等到一个充满能量的爆发。

网上曾有一个广为流传的段子：每天多做0.01和每天少做0.01一年后会有什么差别？答案是，1.01的365次方约等于37.8，而0.99的365次方约等于0.03。结果惊人！古人说："不积跬步，无以至千里；不积小流，无以成江海。"不要小看任何看似微小的进步，积累后都会成为庞然大物。

复利的根本是底层知识

一提到复利，多数人首先想到的就是财富。从事物本质的角度来说，复利不单单是指财富，在我看来，复利的内在核心其实是思维方式，是对知识的认知。一次投入、持续收益是每个人都想要的，我们花时间做任何事情都应该有"一鱼多吃"的思维。那么，如何拥有复利思维呢？

我认为拥有复利思维最重要的是建立知识体系。决定思维是否持续成长，知识体系的输入产生了非常重要的作用。知识体系类似于技术开发，可以分为底层、中层、应用层三个层面。

底层是思维进化的过程。从成长角度来说，我们每天都在更新大脑，通过新知识的输入，不断为大脑下一次思考累积素材，从而让知识能够不断以复利的方式迭代，最后达到自我认知的提高。如果我们没有很高的视野，就意识不到其实身边所做的每一件小事，都可以沉淀形成复利。

我们的大脑学习的过程是外界信息经过短期记忆（思考）后，进入长期记忆的过程，短期记忆过程中会把外界信息和长期记忆的信息放到一起进行加工，然后存储到长期记忆中。这时，如果大脑里没有相关内容的基础概念和认知，就无法对新信息进行有效的加工，呈现的形态便是"难以理解"，譬如小时候死记硬背的文章、复杂的物理公式等。如果我们有很多相关的背景知识，理解与思考的时候就会容易得多，学习新东西的速度也会很快，这整个过程就是一个正面反馈。所以，在我们的认知里有一个非常重要的原则：习惯用已知理解未知。背后的原理其实就是这样。可见，底层知识是支撑大脑运转的基础。

中层带来能力圈的放大。知识体系就像一张蜘蛛网，在网上你可以清晰地看到每一个知识点的串联和它们所起的作用。而自己知识体系的扩张能让碎片化知识不再成为孤岛，可以在大脑中进行更多的排列组合，这一系列的过程就像是打地基，一旦基础打牢，后面的认知升级就不再是线性级的增加，而是指数级的发展，从而构建起你的中层知识体系。

知识体系越广，能力圈就越大，所能做的事情也就越多。当自己从"不知道自己不知道"升级到"知道自己知道"的时候，自己的认知能力便得到了进一步的提高。

应用层带来知识的变现。能力圈背后是知识的储备，在知识结构中，学习的底层知识和应用知识要有一个合理的比例，在此画等号的是时间。我举一个简单的例子：你有一个投资理财的规划，每年赚10%左右，年底就会有一个利润分配的问题，通常你会拿出一部分花掉，然后再拿出一部分继续进行投资。而花掉的就是应用层的知识，再投资的部分就是你的底层知识，这个比例在你人生不同的阶段中属性也是不同的。

随着时间的拉长，你的底层知识可能是不变的，但应用层知识在不断地增加，比如，在工作中你学会了怎么做运营、怎么做营销、怎么搞定客户。但这些只能作为你的能力的表现。那么怎么让能力的表现变成底层知识呢？答案就是打造高效的体系。比如，一个新手编剧写剧本时往往是大俗大雅地模仿前人的套路，你看完后也许会说："要是我，结尾一定要写的足够震撼。"但一个资深编剧写东西则是采用经典的三幕剧：在第一幕的建构上一般是普通人的视角，然后再露出主角光环，提供足够的情节张力，最后结尾。同一个领域，新手和专家的知识区别其实很大，新手往往看到的是表面特征，专家看到的是本质能力。所谓的专家，就是学习任何事物背后的基本逻辑，然后归纳成为体系进行输出，最后达到放大的效果，此时应用层的知识变成了底层知识，能力圈也就增加了。

随着能力圈的增加，再回归到应用层，其变现的方式也就多样化了。比如，从原本的只能靠"单一贩卖时间"工资的形式，发展到可以多元化"贩卖时间"，比如顾问、咨询、培训等，这些都适合普通人。而有的人则是通过更多的收益，进行资金的再分配，比如买股票、基金、开店等。这一切的原理其实就是"底层＋应用层知识"分配的机制。所以，可变现方式少是因为你没有掌握灵活的分配机制以及存在认知的瓶颈问题。

构建牢固的底层认知

底层知识不扎实，靠努力给自己带来的复利的可能性是很小的，所有的事物都如此。要把底层基本功做扎实，核心就在于知识价值要足够稳，这样才会在要投资的事情上少走弯路。在财富投资（股票、基金）复利的领域中，底层所代表的便是自己的本金部分，换到其他场景中（工作、成长），本金便是你的基础能力。所以打好基本功才可能有更好的未来。那么如何才能让基础能力更加扎实呢？要先了解某个领域知识的分层，然后找到有效知识进行学习。每个领域的知识可以分为四层。

第一层知识：一般由不同领域的研究者、博士、学者所掌握。这类知识还正在被研究、被验证，是新鲜的思考。有的甚至还没有加工完成，但新鲜度很高。

第二层知识：一般含金量较高，是第一层知识的转述，比如，一些底层逻辑的图书，一些权威机构发布的行业研究报告，一些经过系统整理、提炼后的培训教材等。

第三层知识：往往是为传播而简化或极端化观点的陈述，比如，一些领域内的权威理论，被改编成方便公众理解并传播的书籍，但因为被简化并加入了一些案例、故事，可能在表达层面上就会出现不精准的问题。在市场营销圈内，多数人都看过一本叫《定位》的书，主要讲的是满足顾客需求、抢占用户心智。这本书是"定位之父"杰克·特劳特的成名作。市面上除了这本书之外，还有一些类似的书籍，本质内容都很相似，这些书往往是为了让大众更容易理解营销。

第四层知识：各种充满个人情绪的表达，比如你经常看的碎片化的微信公众号文章，很多名人解读的"一万小时定律"，告诉你任何人只要努力都可以成功等。

现在你可以思考下，自己在上面的四层知识中各花费了多长时间。其实任何一种信息都是有效的，核心在于利用的方式。若从底层复利的角度来看，我们更应该掌握第一层知识，这样加上应用层的知识实践，基本功才会更加扎实。但第一层知识比较难以读懂，所以建议你选择第二层知识去学习，这样会更有效。

终身学习实现复利

在把自己的底层知识打牢的基础上，要实现复利，我们还需要让底层知识进行增值。复利的核心定义是指让利益持续并且稳定地增长、升值，不追求快速的收益。因此，对于底层知识复利的持续，需要做的是小规模的学习，核心是不间断，也就是我们经常说的终身学习。

很多人认为终身学习是个伪命题，原因在于这些人没有属于自己的体系，他们的大脑学习就像流沙一样，知识逐渐被忘记。很多父母经常说自己在上学的时候非常优秀，但毕业以后就不学习了。结果辅导孩子一道函数题就显得无能为力。为什么我们学过的知识会被遗忘？学习不像电脑下载文件一样，可以长期存储且需要的时候就能及时调取，学习的本质其实是建立在已有知识基础上的。

人的大脑里面有一亿多个神经元，当我们在学习和思考新知识的时候，相对应的神经元就会被点亮；当你经常运用和练习的时候，这些相对应的神经元就会变得更加牢固，甚至有时会变成一种条件反射。只有这样知识才能真正属于你，反之，如果你只是思考过却没有经常使用，那么这个知识点相对应的神经元很快就会模糊，甚至被遗忘。所以，不忘记知识的方法便是多练习和对外输出。一个接受正常教育的人，知识体系的建立是有其雏形的。工作以后的终身学习，就是给这个体系不断地输入新的知识，增加其结构的完善性，使其可随着市场的动态变化，解决遇到的更多的问题。

最好的终身学习应该是选择几个有价值的长期问题持续深挖，比如怎么做好市场营销，怎么做好产品经理，怎么做好管理，怎么做好财务投资等。如果你十年如一日地都在研究这些问题，你会发现自己在这个领域的知识更加系统，而这一切能够保证你在这个领域中稳步地提升。所以，千万不要被短期的价值所迷惑，从知识、成长、金钱三者投资的角度来说，也许你的初始量不是很多，但这不重要，重要的是你的知识增长的能力。

复利不是自动化的过程，而是考验人性的过程。如果我现在告诉你，从今天起你不要喝酒了，每月省下来的钱10年后可以换一辆保时捷，请问你愿意吗？80%的人都不会这么做。复利的投资也是这样，它是一种常识。如果所有的复利后期都可以"葛优躺"，那些创业成功的企业家早就不用学习了，他们为什么还要费那么大劲儿学习干嘛呢？难道非要自找不痛快吗？

/ 核心观点 /

你在看中别人基金盈利的利息时，其实别人在关注你手里本金的筹码怎么增长。早期靠本金，后期靠复利。本金等于对底层知识体系与应用层知识体系的认知度，复利是长期学习的能力，理解了复利的底层逻辑，其他的交给时间，就可以见证它的增长了。

熵增定律
一切问题的底层规律

有人说，熵增定律是宇宙中最让人绝望的物理定律，因为它预示了一切事物最终都将走向消亡。

人总是变胖容易变瘦难，懒散容易专注难，变坏容易变好难……这些现象背后的本质都是熵增定律的影响。从有序到无序，从平静到混乱，都是熵值在增加。我们需要通过不断抵消生活中产生的熵增，使人生维持熵减的状态。

在个人成长中，每个人都要意识到学习熵减的重要性，才能清晰地认知到哪些事情是重要而需要快速攻破的。在管理学中，熵增定律也被很多人推崇。在1998年给亚马逊股东的信中，贝佐斯说道："我们要反抗熵增。"彼得·德鲁克也曾说："管理就是要做一件事情，就是如何对抗熵增。"华为创始人任正非更是将熵增定律看作人生至理，他在《熵减：华为活力之源》的序言中写道："熵减的过程十分痛苦，十分痛苦呀！但结果都是光明的。从小就不学习、不努力，熵增的结果是痛苦的，我想重来一次，但没有来生。人和自然界，因为都有能量转换，才能增加势能，才使人类社会这么美好。"

人类演化的终极定律

熵是什么？熵是系统中无效的能量，用来衡量系统的内在混乱程度。在物理学中，熵是一个绝对值，能够计算出具体的数值。当把熵引入到社会中，有了个人的视角，系统的有序和无序就成了相对的概念。德国人克劳修斯于1854年提出"熵增定律"，认为在一个封闭的系统内，热量总是从高温物体流向低温物体，即从有序走向无序。如果没有外界向这个系统输入能量，那么，熵增的过程是不可逆的，最终会达到熵最大的状态，即系统陷入混乱和无序的状态。

在生活中，我们用熵来形容混乱程度，那么熵为什么会增长呢？简单来说就是世间万物需要发展，发展就需要迭代，如果要保证事物有效地运行，就需要有外界的能量输入，否则，它就会变得混乱和无序。从个人成长角度来看，我们的大脑每天都会接受各种各样的信息，学习各种知识，大脑需要记忆、需要处理，也就意味着大脑系统中的熵值在不断增加。如果不及时优化、排序、减少熵值，最后大脑就无法处理事情，趋于混乱或无序的状态。比如0到9这10个阿拉伯数字看起来非常有序，也非常容易记忆，但如果把它重新排列，那么可能就要花费很大工夫才能找到其中的规律并且记住。可见信息和信息之间的混乱程度增大，我们与别人解释的成本也就相应的变大了。因为无序造成的不确定性也增多了。

我们清晰地了解到熵增对生活和工作的影响很大，那么，我们每个人应该如何对抗熵增，进行有效的做功呢？其实这个答案可以从熵增的核心定义去理解。熵增包含封闭的系统和无外力做功两个主要因素，所以要想打破熵增实现熵减，需要从两个方向去思考。

第一，认知层面从无序到有序。在一个系统中，无序和有序其实是相对的。为什么很多文章有的人很容易理解，而有的人却看不懂；为什么科学家可以解释复杂的问题，而我们却不能。这取决于个人或组织的认知程度，即识别信息的核心能力。我们只有持续地学习，提升自身的认知，才能更多地从高于别人的视角去认知组织乃至这个世界，这样才能实现"熵减"。所以，最简单的方式不是学习同行，也不是向优秀的人学习，而是要学习"人工智能"的方法论和"机器学习"的底层逻辑。

人工智能的本质是通过代码的方式将知识输入到数据库中，然后基于人的行为进行解析，做出合理的需求匹配，满足人的日常认知。比如AI学习、AI对话。之所以用人工智能的方式去学习，是因为人工智能对信息的处理要求相对更高、更准确、更为标准化，比专家、上级分享的经验更有批量参考的价值。我们对认知的提升和AI建模相似，寻找到有序的信息，进行总结、归纳，从而形成模型、方法论，最终通过大量不同学科的方法论来帮助自己认识更大的世界。如果自己找到的信息繁杂，不能够清晰处理，那么认知就无法得到提升。

机器学习流程是储备数据—分析数据—找到规律—提炼底层逻辑—总结方法论—建立标准化模型—输出。其中，数据可以简单形容为标签、画像、用户信息，机器通过存储大量数据进行分析，找到其中的规律，然后提炼底层逻辑并进行合理化总结，最后形成标准化模型输出。为什么要标准化呢？其一，建立标准化可以节省人力；其二，构建出标准化能够减少决策成本；其三，便于流传。人类的核心优势是迁移的能力，即一套模型的智能化标准，在其他领域可能也是相通的。

第二，行为层面从无序到有序。多数人应该看过机器人视频：1.0版本只能简单地跳跃、运动，2.0版本和3.0版本每一次的迭代，对应的功能也逐渐地变多，能力也变强。人的学习也是这样的过程，从小学的死记硬背到中学的理解记忆、高中的灵活掌握，一方面是认知的提升，另一方面则是从无序走向有序的过程。但人和机器人不同的是，我们无法预测未知，也不能保证每个节点做出的决策都是正确的，因为认知过程中外界的熵值在不断地增长和变革。

我以公司为例。比如创业的时候，有活一起做效率很高。因为业绩的增长，不得不扩大组织，然后部门开始各自为政，就出现为了KPI争夺利益的情况，这时项目的推进效率也就变得低下。等到了业绩瓶颈期，如果企业的创新、开放化跟不上，再加上组织行为复杂，那么就可能加剧整体环境的复杂性，这一切就是熵增。当企业组织系统不可避免地走向无序，周围的环境不确定性越来越高的时候，我们是否能够进化出某种形态结构，来长久地对抗外界的不确定性呢？这时就要做到行为层面的从无序到有序，可总结为三点：开放系统，降低消耗；内部信息均衡；增加杠杆，打破组织均衡。

开放系统，降低损耗：保持系统开放是避免系统陷入内卷化的重要方法，企业必须保持与外界物质、能量、资源的交换，才能建立有效的协同，达到生态共赢。很多创业者在初期创业的时候，并没有很大的视野和格局，只是单一地解决某个痛点，达到盈利的目的。比如教育培训创业者，在前期通过为别人提供付费咨询、课程来盈利，慢慢地，课程多了就会面临增长瓶颈，这个时候就要开始设计商业模式。比如能不能做MCN孵化老师；能不能给APP上的老师赋能，让他们帮助公司实现增长，让他们盈利，公司分成。这就是从单一到开放模式。

内部信息均衡：熵增定律不可逆，那么在与外界资源、物质交换的过程中，必定会增加损耗。就像很多APP之间资源互换一样，为追求高效的信息畅通，企业内部组织部门与部门之间进行有效的协同补位，以免信息不畅而出现熵增。

增加杠杆，打破组织均衡：熵就像一个杠杆，杠杆两端一面是熵值，一面是效率，当效率增加，熵值就会减少；反之，当效率低下，熵值就会增加。但两端无法做到平衡状态，因为一旦平衡也就意味着相互满足，都进入舒适圈，这也是很多企业为什么在业务转型或者瓶颈的时候选择从外引进高管。因为内部进入舒适圈，需要外部力量来打破均衡、破坏舒适圈，降低企业内部的熵值。

用耗散结构实现个人熵减

在讲这节内容之前，我先分享培训课堂中的一个小游戏。老师在黑板上画了个圆，接着在圆中画了个人，然后又在圆里面加上了房子、汽车和朋友。然后老师说："这是你们的舒适区，这个圆里面的东西对你们至关重要——房子、家人、朋友、工作，在这个圆里面，你们会觉得自在、安全，远离危险或争端。现在谁能告诉我，当你们跨出这个圆后，会发生什么？"教室里瞬间鸦雀无声。一位学员站起来说："会害怕。"另一位学员说："会犯错。"这时老师微笑着说："当你犯错了，结果是什么呢？"最初回答问题的那个学员大声地说："我可能会从中学到东西。""是的，你会从错误中学到东西。当你离开舒适区后，你学到了以前不知道的东西，增长了见识，所以你才会进步。如果你不离开这个圆，你的熵值会不断增加，最后你的生活会越来越混乱，不知道未来要做什么。"老师再次转向黑板，在原来那个圆旁边画了一个更大的圆，又增加了更多的朋友、更大的房子等东西。最后老师告诉学员："如果你们总是在自己的舒适区里打转，将无法扩大自己的视野，永远学不到新的东西，只有走出舒适区之后，才能使自己人生的圆变得更大，才能不断的熵减，变成一个优秀的人。"

那么，个人要如何对抗熵增呢？我首先要引入一个非常重要的理论——耗散结构。耗散结构是远离平衡态的非线性的开放系统，特性和熵增相似，它首先注重的是开放性，其次是非平衡，当一个系统具备了耗散结构，它就能有效地对抗熵增了。那么，我们该如何根据这两个特点，将自己打造成一个可以对抗熵增的耗散结构呢？在这里，我分享一下自己对抗熵增的心得。

第一，一次只做一件事。我经常遇到这样的朋友：吃饭时电脑放着电视剧，左手还要拿着手机刷信息，吃完饭既不知道电视剧的剧情是什么，也不知道自己从手机中获取了哪些有效的信息。不断地让大脑摄入碎片化信息，会使自己越发的焦虑。工作中，我也经常看到这种情况，比如新媒体的同事正在写一篇文章，中间需要插图，打来网页搜索很久后，终于找到合适的图了，但重新回到撰写文章的工作时，之前写的内容却需要重新再看一遍才能完全回忆起来。所以个人要实现熵减必须学会聚焦进程，一次只做一件事，清除额外的干扰，把其他的事情用便签记录下来，完成一件再做下一件。

第二，用成长型思维代替固定型思维。成长型思维是虚心接受外界给予的一切反馈，固定型思维则倾向于逃避。如果你不想让自己变得更糟，那么就从思维开始转变。每个人的大脑都有固化思维，需要不断地开发大脑，激发它去思考，强迫它去运作，让大脑接受来自外界的有效信息，这样大脑才不会"生锈"。所以无论过去成就如何，有多少荣耀，终将不再返回，那些东西就像熵，不值得"记忆"，要及时地清理，才能"装进去"新认知。

第三，远离平衡态。或许我们都知道人的成长包括三个区域：舒适区、学习区和恐惧区。其中舒适区在最里面，是一种平衡状态，因为不需要太多努力就能使所有事物都达到一个相对平衡的结果。但如果要成长，就需要走出去，从舒适区走到学习区，甚至于恐惧区。生活中很多人喜欢妥协，比如说好的每天坚持做50个俯卧撑，结果今天由于太忙就少做了几个，这种平衡状态，最终会让你回到舒适区。只有不断地超越自己，实现比昨天更高的目标，才会有新的成果出来。80%的事情都不困难，困难的是战胜内心的自己。

第四，颠覆式成长。无论做什么，三天打鱼两天晒网是不可取的，要做持续的加码。可能你现在做的事情并没有结果，比如坚持健身、坚持阅读、坚持写作、坚持学习。但要知道个人成长遵循的是 S 型曲线，开始的时候，会是非常漫长的平坦期，而后则是如火箭般骤然升空，并最终在高段位保持平稳。颠覆式成长不仅是一次 S 型曲线式的飞越，也是很多次的飞越，它要求我们在完成一次 S 型曲线的增长后，再进入第二条跑道重新学习。

/ 核心观点 /

真正的高手，都有对抗熵增的底层思维。人生就是一场对抗熵增的过程。熵增会让你变得碌碌无为，熵减则会让你的成长形成复利，让你的生活变得有序。

边际成本
像经济学家一样思考

　　相信很多人都看过这个短视频：创业红人罗永浩老师扮演的角色在星巴克买咖啡，柜台上依次摆放着三个大小不一的杯子，罗老师指着中间的杯子说："您好，给我来一个中杯的拿铁。"然而女服务员说："对不起，先生，我们只有中杯、大杯和特大杯。中间杯型的是大杯而不是中杯。"其实这是星巴克的特殊规定。结果双方僵持不下，气得老罗接连扇了自己好几个巴掌，旁边的人赶紧冲过来把他抱住，劝解道："罗老师，别这样，别这样……罗老师……"很多网友表示，隔着屏幕都能感受到巴掌有多疼。

　　我看过这个视频以后，笑得前仰后合。我一直以为，这只是在电影里才能看到的搞笑片段，但是当我亲身经历时，却发现了故事背后隐藏的深意。一次在咖啡厅等朋友时，我点了一杯中杯柠檬茶，服务员一再向我推荐，建议我再加4元升级到大杯，加5元还可以升级到超大杯。我经过再三考虑，最后选择了超大杯。服务员的行为引发了我的思考：为什么服务员要不断向消费者推荐可以升级杯子的选择？其实，这里涉及边际成本的问题。

什么是边际成本

边际成本是指每个单位生产的新产品（或购买的产品）的总成本的增量。这个概念表明单一产品的成本与总产品成本是相关的，也可以简单地理解为"某一产品的产量越大，形成单一产品的成本就越低"。

比如：如果我们想生产第一辆汽车，就需要投入很多的人工、材料和设备，这是因为生产第一辆车的一切成本都是最新的，还需要经过大量的迭代，也不可能由一个人完成所有的生产作业，而需要很多人共同来作业。一旦生产汽车的标准原材料成型，生产100辆、1000辆的成本就会降低，因为生产汽车的设备完善了，只需要自动化技术加上少量人工就可以完成。

由此我们知道，当一个产品从0到1开发时，它需要付出的成本和精力是巨大的，因为在早期阶段需要不断地尝试和试错，一旦产品开发出来并被确定为高度可行时，从1到N的过程就会随着市场规模和平台的不断扩大，成本逐渐降低。

再回到咖啡厅服务员推销的场景。现在各种线下门店咖啡厅遍地都是，从规模和数量上来看消耗是非常大的，所以不管是中杯柠檬茶还是超大杯柠檬茶，咖啡店的人力成本、房租和运营成本几乎一样，而驱使员工主动引导顾客消费超大杯的行为属于员工绩效激励的部分。当然，在饮品制作的过程中，超大杯柠檬茶的成本可能会增加，但它只是一个柠檬和几块冰糖而已，事实上，如果将额外利润考虑在内，其边际成本仍在下降。

因此，可以看出为什么咖啡店的服务员愿意推广超大杯饮品套餐的营销服务——随着边际成本的降低，点超大杯的顾客越多，利润就越高，绩效提成也会越多。其中，搭配的蛋糕本质上属于捆绑销售，不仅在咖啡店有这样的营销场景出现，有些奶茶店也会采用同样的营销方式。一些奶茶店，大杯奶茶看起来比中杯容量多很多，销售价格也只贵5元左右，但成本可能只增加几毛钱。因此，很多时候真正指导我们决策的是当前时期的投资回报率。你现在看到的是边际成本，不要让沉没成本影响你的决定。

人生的"边际成本"

任何事物都有边际成本，作为上班族也是一样，但是上班族的边际成本是来自个人对"人生抛物线"的掌控。我们都知道，当拿着一块石头使劲地向空中抛出后，石头的运动轨迹会在空中形成一条半圆形的弧线，然后从另一端落地。在物理学中，这条看不见的弧线被称为抛物线。当一个物体被抛向空中时，它最终会落回地面，这是地球引力产生的自然现象。

　　人生也是如此。生命的诞生，象征着开始向另一端飞跃，这就是人生抛物线的开始。但人生抛物线会有两种情况：第一种，自己就像一个皮球，被抛出去以后，经过地面碰撞的低谷期后发生反弹，成为向上的曲线；第二种，自己就像抛出的石头一样，抛出去以后只有一瞬间的升起，接着开始慢慢地跌落至地面，到了低谷不能反弹，成为下行曲线。在"人生抛物线"中，一个人的教育背景、心理认知、爱好习惯、人生经历等因素都会决定抛物线是上行还是下行。

　　人生抛物线的前半段是在35岁之前，是我们学习、奋斗和创业的黄金时期，是生命力最旺盛的阶段。在35岁之前，可以说每个人的抛物线都是半弧上升的，上升的力量来自抛物者自己甩手的力量和强度，而自己的工作能力将决定抛物线的高度、宽度和长度，因此有些人到了35岁以后，在工作中遇到瓶颈就永远站不起来了，直到45岁、50岁一直都处于下行状态。

　　但是，有些人下行的弧线只是暂时的。经过35岁的瓶颈期后，他们开始大量地学习，认知得到提升后获得了再次反弹的机会，因此从50岁到70岁开启了持续高升的状态。比如，褚橙创始人褚时健，联想创始人柳传志，华为创始人任正非，肯德基创始人山德士等。他们不仅有勇气去做，而且有不甘于现状的心，这些因素都不断驱使他们登上人生的高峰，并保持"年轻气盛"的状态。

人生抛物线的高度是整个人生的巅峰期，这个高度是衡量人生高度的一个重要尺度，抛物线越高，个人影响力越持久，当然也表明了自己付出的艰辛和努力与事业的成功是一致的。

利用复利思维，降低边际成本

如果说我们的人生是一种运算的话，那么，有些人在人生中兢兢业业地做加法，他们在35岁前的成长过程是1+2+3+4+5=15。而有的人是在努力做乘法，他们的成长过程是1×2×3×4×5=120。这中间的差距是什么呢？我总结为几何式倍增。但有些人不仅如此，他们还学会了运用复利，为自己的人生做最大化的乘法，创造出人生奇迹，这就是聪明人与普通人的差距所在。

复利思维的本质是裂变。我们来思考一个问题：假设有一张厚度为0.04毫米的足够大的普通纸张，将其重复对折64次大概会有多高？许多人可能会认为一张纸的厚度几乎可以忽略不计，即使被对折64次也不会有多高。但事实上，如果你自己认真计算一下，一张薄薄的纸对折64次，就有大约1.66亿千米的高度。这个高度是个什么概念呢？地球和月球之间的距离也只有38.4万千米。这就是典型的复利思维。

　　复利思维的奇迹对个人的成长和进步同样有启发。查理·芒格说，"要争取每天醒来比昨天更聪明一点点"，这就是个人成长中的复利效应。假如现在自己的水平是1，每天仍然是1，那么1年后，成长的结果还是1，如果每天都进步0.1，则1年后将会有很大的改变。

　　因此，那些每天努力一点的人，一年之后他们将比原来的自己强很多，而那些每天不进步的人，将耗尽他们的才能，这是一件非常可怕的事情。所以对自己严格要求的人，个人能力会得到超乎想象的提高，这就是复利的力量。

　　如果我们在25 ~ 35岁的时候，从单一兴趣出发，利用碎片化的时间每天投入一点，并利用边际成本思维，那会怎么样？你可以每天花一个小时坚持写1000个字，365天就是36.5万字，一本书大约有15万字，这就意味着你可以在一年内轻松写完两本书。你也可以做付费有声读物，每天录制5分钟，一年之后足以做成一档专栏了，而后期只需要推广及维护，就能带来复利。像这样的案例还有很多，在早期阶段投入极少的成本，就可以使一个人的"资产"翻倍。总之，利用复利思维会降低边际成本。

　　从某种意义上说，早期的有意投资量决定了后期的边际成本是否可能降到较低的水平。如果自己所做的事情可以每年以10%的速度增长，几十年后，你就会成为影响巨大的人。以上这些方法我也在不断尝试。

/ 核心观点 /

　　对于普通人来说，在25～35岁要尽可能多地试探自己的兴趣点，并长期利用碎片化的时间投入验证。而引起质变的拐点就在于随着我们投入的成本增多，积累越多，边际成本逐渐减少。前期的积累足够大，后期付出越少，但撬动的资源以及能力就会变大。

匠人精神
把一件事做到极致

　　谈到匠人精神，很多人会想到德国和日本，这两个国家作为制造业强国，向来注重制造业人才的培养。德国通过"双元制"职业教育体系为制造业源源不断地输送着高质量的人才，日本的匠人精神也由来已久。近年来，中国也在提倡匠人精神。《人民日报》曾发文说："迈向新征程，扬帆再出发，急需一大批具有工匠精神的劳动者，亟待让工匠精神在全社会更加深入人心。"

　　匠人精神不是因循守旧，而是在一件事情上做到极致。这个看似颇具"沧桑感"的词汇，其实背后蕴含了巨大的哲学力量。我们常看到一些艺术馆中挂着"匠人·匠心"的标语，何为匠人呢？有人认为匠人是一种机械重复工作者，意义不大。我认为匠人是一种精神，怀着内心的虔诚，处在当下打磨所做的事情，并把这件事做得尽善尽美。其实匠人的人品比技术重要，一流的匠人必有一流的心性，唯有在技术和心性上磨炼成熟的人，才能真正被认定为"匠人"，不然就只能称之为"工匠"。任何人都可以掌握一门技术，但心性的修炼却很难。

工匠很多，匠人很少

北宋初期，赵匡胤要把封禅寺扩建为开宝寺，工程的负责人是当时最好的建筑师喻皓。他接到任务后，整日在工地东量西测，三过家门而不入，事无巨细，全部躬身而行，甚至连搬运的工人，自己都要亲自面试。几个月之后，开宝寺建成了，政府派人过来检查，从里到外处处体现着喻皓的匠心独运，但有人在众人赞叹之时突然发现，多宝寺的塔身不正，很明显向西北方倾斜。也就是说，大名鼎鼎的建筑师把这个工程给"搞砸了"。为什么塔是歪的呢？最终喻皓揭开谜底：原来，开封这个地方平坦无山，但总有西北风，所以把塔建成向西北方倾斜的样子，一百年后，风就会把它吹正。

在普通人的认知中，一个建筑师只要把建筑本身打造完美就可以了，但喻皓却还在建筑本身之外充分考虑了气候因素，这就是匠心。没有这种匠心精神，喻皓只是一个伟大的工匠；而有了这种匠心精神，他便成了"匠人"。精研、专一说的就是匠心精神。这就像人们吃的大米，如果想吃到上等优质的大米，农民必须要用心精研，筛选品种，定期施肥，最后才能产出高质量的大米。再比如在生活与工作中，你总能遇到那些把工作和生活打理得特别好的人。

在现实中，每个普通人都是一名工匠，都在自己相关的领域和岗位上承担着一份职责，但能够把匠心精神投入到每件小事上的人很少。普通人若想实现匠心精神，就一定要把某件事做到极致吗？其实未必，匠心的本质是专注在当下，磨炼心性。

美国作者李尔纳·杰克伯森在其文集《拥抱当下》中写道，人觉醒的两个步骤是找到自己通向临在当下的觉醒状态和使自己能够驾驭自己的头脑。

当处在当下时，自己的心是"在场"的，做事也就会有所聚焦，就不会出现心不在焉的状态。刊登在《自然期刊》（*Nature Communications*）的最新研究指出，加拿大皇后大学（Queen's University）认知神经科学院研究主席乔丹·波彭克（Jordan Poppenk）和其团队研究生总结认为，每个人每天脑中有6200左右个念头会一闪而过。大多数时候，我们的心一点都不"在场"，头脑正在处理某件事的同时，还不忘回忆过去、担心未来。那么如何临在当下呢？即保持心流状态。

何为心流？从心理学角度来讲，心流是在专注进行某种行为时所表现的心理状态。比如集中精力完成一份高质量的方案；一个人在房间里高效记忆200多个单词；全神贯注地打了30多分钟羽毛球。大脑的思考与精神状态、行为三者合一，这样才能保证将全部精力投入在当下，同时享受专注带来的高度兴奋。那么，如何实现心流状态呢？

第一，创造合适的环境。当我们处于某种环境时，会深受环境的暗示，从而得以加速或缓慢进入想要达到的状态。比如，你在家看书需要一个书房，进入书房这个环境，自然就有一种想读书的暗示；换到客厅，暗示自然就变成想要看电视。在创造容易进入心流状态的环境中时，一开始尽量在固定的地点、固定的时间，做一件固定的事情，不断地坚持重复，这就是一种积极的暗示。

第二，有意识地制定开关动作。如果把进入心流的状态理解成一套复杂的公式，那就很难办了，在真正的工作状态中，往往没有那么好的环境，这时，我们需要培养的是"遇到险情，马上就能扣动扳机"的能力。我要进入心流状态时会选择简单的动作来暗示，比如开机，不管是打开手机还是电脑，"开机"这个信号就马上响应各种信息和任务。在工作没有完成之前，不要分散注意力去做别的事情。培养形成心流"开关"的动作，是要先发现自己容易进入心流状态的时间，并持续在这个时间内做有产出的事情，争取一次次地进入心流状态，并用自己设计的最小仪式动作启动这个状态。

第三，任务具象化。比如，你计划写一篇文章，如果缺乏构成"下一个动作"的场景，这种任务就很容易失败。如果把这个计划改成"今晚10点前我必须在卧室打开笔记本写一篇500字的文章发在自媒体上，主题是谈时间管理"。这个任务同时包含人物、时间、地点、设备、事情，这些具体因素就相当于连续发出

5个指令，告诉大脑应该在何时、何地、做什么事情，一旦进入场景，就会下意识地行动起来。你会发现，如果顺利完成一个动作，就会自然而然带来下一个动作，慢慢完成几个动作，你便进入心流的状态。

第四，创造心流压力，寻找外部力量。你也可以利用工具来驱动自己。比如定闹钟，把时间量化。同时也可以邀请朋友监督，加入一些打卡辅助群，完不成就发红包等，这也是我一贯采用的方式。当刻意练习后，你便可以轻松地在内心做出基础调整与修正。但此时如果还不能临在当下，更多的就要学会驾驭"自己的头脑"，此时，你需要屏蔽更多干扰，专心让自己投入其中。你该怎么做呢？赋能一件事一个真正的意义。要知道，在做一件你根本不感兴趣的事情时，控制心流有很大的难度，所以你要为做的事情赋能。

实现心流状态以后就需要磨炼自己的心性。心性的本质是一种综合素质的表现，包括你自身所携带的"德"、工作中的"忍"，以及能舍能得中的"悟"性，而这一切的载体都在每一件小事中呈现，也就是我们经常说的要"知行合一"。

我们在年轻的时候常常眼高手低，很多人看过很多方法论以后就觉得"自己会了"。正所谓"知乃行之始，行乃知之成"，意思是说，你没有做到就不是真正的知道。很多人把"懂得这个道理"当成"知"，把实践当成"行"，所以就很难做到"知行合一"。那么，如何做到"知行合一"呢？最简单的方式便是做好每件小事，拒绝好高骛远。

任何时候，领导都是最应该"知行合一"的人。本质除了锻炼技能、磨炼心性外，还可以在小事中体会到更多不同的东西。要知道，你所不愿意做而逃避的事，某个时刻会以另一种方式再次出现在自己身上，所以勇敢接纳小事，才能成就大事。

追求精神富足

人与人之间最大的一个认知差在于"错把赚钱当目标"。我曾经有位同事，在公司负责运营工作，每个月拿到的薪水并不高，经常听他抱怨："做运营不赚钱，我想要转岗做市场营销。"过了几个月我再次见到他，他转岗成功，但依然听到他挂在嘴边的那句话："市场营销好像也不赚钱。"

在做事的过程中，不断提升自我认知，收入自然就会增长，很多人将思维导向放在金钱上，就会忽略背后做事的价值。这就如同别人告诉你这块土地下面有金子，只要深耕就能挖到。可是你总是只挖一尺，看不到金子就放弃，嘴上却总是说："人要多尝试机会，做多样化选择。"于是就换另外一个地方去尝试。

在人生的追求中，赚钱不应该成为主要目标，金钱是附着在事情上的一个产物。试想在现在这个时代，有没有一份工作，是你可以不看报酬就愿意付出行动的，我想应该很少有这种勇气的人了。大家都习惯奔着金钱驱动的使命去行动，急于求成的我们似乎被物质包裹着无法自拔。

其实，很多时候最后获得成功的人都具有一定的工匠精神，会以精神上的富足为基础去奋斗。什么是精神上的富足呢？我把它分为三层境界：第一层是"骆驼状态"，忍辱负重；第二层是"狮子状态"，由"你应该"到"我要"，一切由我主动争取；第三层是"婴儿状态"，这是一种"无我"的状态，即活在当下。这一切本质上也是调整心态和欲望的过程，精神富足会让人更有生命力，更愿意追求长远的目标，不会因为眼前的琐事而焦虑，也不会因为未来的不确定性而迷茫。作为普通人，怎么才能让自己精神富足呢？

第一，享受工作。关注在工作中是否开心，是否有成就感和挑战性，是否能让自身学到东西，是否能持续进步，并为之感到满足，以及随着时间的拉长，能否让自己变得增值。

第二，知道想要什么。除了金钱外，自己有无想要的额外目标，比如学识、修养、才艺等。找到它并为之去付出精力，这个过程会比结果更重要。

第三，去读书。阅读需要的不仅有耐心，而且还要多动脑，我们可以给自己定一个目标，每周花一些时间去读书，坚持下去就会带给你无穷的收获。

第四，主动交谈。聊天虽是普通人相处最简单的一种沟通方式，但在互联网时代，多数人已经放弃了线下沟通的习惯，你不妨每周在固定的时间和朋友约个下午茶。

第五，打坐冥想。冥想是我每天必须要做的事情，下班回家放下手机，然后冥想10～15分钟。它不仅能够无意间地启动元认知的能力，还能感知自己的情绪。

精神是内在的，也是匠人精神所追求的，当你从平凡生活的点滴中发现不一样的感受时，各种丰富的情感也将充实你的内心。

/ 核心观点 /

简单的人生在于"临在当下"的每一刻。人性本善，用最大的善意去对待这个世界和他人，先德行，后技能；己成，则物成。

无形资产
最有价值的投资

　　无形资产和有形资产都是企业的财富。有形资产很容易理解，公司置办的写字楼、桌椅板凳、电脑器材等都是有形资产。无形资产理解起来相对难一点，像公司的文化、价值观、创新能力等就是无形资产，还有人把员工也算作公司的无形资产。有形资产非常重要，无形资产也不容忽视。

　　在管理学中，人们经常用可口可乐公司前总裁罗伯特·伍德鲁夫说的一句话来形容无形资产的重要性："假如可口可乐工厂被一把大火烧掉，全世界第二天各大媒体的头版头条一定是银行争相给可口可乐贷款。"你相信这句话的判断吗？经过调研，绝大多数人都相信这个判断。即使大火升级，把可口可乐的所有工厂都夷为平地，可口可乐依然能够"再次被重塑"。为什么？因为可口可乐这个品牌已经深入人心，这就是可口可乐的无形资产。

　　那么，个人是不是也存在有形资产和无形资产呢？答案是肯定的，我们的房产、车子、存款等，都可以看作有形资产，而我们的健康、信誉、价值观等，都是无形资产的重要组成部分。

无形资产的基础认知

无形资产，简单来说是存在于网络上的"虚拟资产"，核心在于可积累、可复制、可产生复利、可增值。很多企业会用无形资产来构建品牌防护墙，建立有效的竞争壁垒，比如注册专利、专有技术、品牌商标等。著名的手机品牌iPhone有2000多项专利，我们平时用到的滑屏解锁就是苹果独有的专利之一，而这些都是无形资产。

如何从个体角度理解无形资产呢？我认为无形资产是一种非实物财富，它能表明你拥有一份给自己提供未来权益的资产。个体的无形资产会带给我们专属权、收益权、认同权三类权益，能够反映我们的自身价值。个体的知识技能、专业经验、专利技术、人脉资源等都是无形资产，能长期为个体赋能，在一定情况下还可以带来丰厚的收益。

从投资的角度看，无形资产应该是个人资源；从收益的角度看，无形资产应该是个人资产。即没有收益时它是潜在资源，有收益时它是现实的资产。是资产还是资源，就看我们如何去经营自己的无形资产。从价值层面上来说，无形资产较少的人，其个人价值也不会太高。因为你的专业资质不高，所以你的收入也不会很高，反过来，你若能从商业银行获取自己所需的贷款，则说明你的商业信用有一定的价值尺度。想想看，你为什么只可以获得30万元的贷款，而不是300万元？所以无形资产与其他资产相比有其独特性。

第一，持续积累性。从个人角度来看，无形资产和有形资产一样，都是积累的过程。有人说自己没有无形资产，其实是错误的认知。从我们走出大学校门，就已经有了一定的无形资产，比如你大学的文凭，它说明你具有某项专业技能。如果你是学习班委并获得过奖项，那么在面试中拿出来这些证明文件，就可以证明你有很强的公关组织能力。我在面试别人的过程中，也比较注重看候选人的过往经历和取得的成就，可以通过一些资料来判断他的做事风格和曾经是一个什么样的人。多数人在公司也可以积累自己的无形资产，你的学习能力、储备的专业能力使自己能够晋升，得到发展，一步步强大，这也算一种积累。

第二，价值性。我们经常会听到"价值所在"这个词，那么从无形资产的角度看，价值怎么突出展现呢？其实就是对一个人综合性的评估。价值的核心在于你应该想办法如何比别人更优秀，并且拿到可以证明自己有价值的证明。比如在英语考试中，别人拿到了四级证书，你却拿到了六级证书，那么你的证书就是最好的证明，此时，你的无形资产就比别人的更有价值。

第三，长期保值性。如果回到10年前，你会投资什么？不用说，在过去10年房价暴涨的情况下，多数人都会选择买房。

在万物互联数字化升级的今天，未来10年，除了房子，对于普通人来说还有什么资产更能保值呢？答案就是投资大脑，这也是世界上一种高收益、无风险的保本投资。投资大脑不仅可以在无形中改变生活品质和形成积极的人生态度，还可以变现。

无形资产的发展曲线

万丈高楼平地起，一砖一瓦皆根基。要想实现财务自由，就需要不断去累积无形资产，但对于大多数普通人来说，"怎么先拥有无形资产"就成了要思考的第一个问题。其实每个人从毕业开始就已经拥有了无形资产的储备，只是你没有意识到并好好地进行维护。无形资产的发展积累大概分为四个有效的阶段。

第一，过往取得的成就。现在试想下，你大学的文凭、各种有价值的获奖证书、等级证书都还在吗？毕业的时候在刊物上发表的学术论文还找得到吗？学校组织的各种活动、重要会议和领导的合影，等等，都还在吗？这些记录和凭证都是你迈入社会后实习、工作的第一张门票，你应该好好保存它们。有的人工作多年，可能认为这些都不重要，早已经不知去向，但在一定的情况下，它们会证明你的价值，并帮你获得你想得到的机会。

第二，信誉带来人脉。"一个篱笆三个桩，一个好汉三个帮。"这句话充分说明利用人脉资源，能够有效地建立良好的合作关系，这也是社交的基本法则。在社交中，从毕业到工作，我们一定要有契约精神，不要觉得自己年轻就可以不讲诚信，人脉的力量其实和个人品牌的价值同样重要，它是一种潜在的财富。从表面看，人脉虽然不能直接变现，但如果没有它是很难积累到财富的。不管你的业务能力有多强，你的大脑有多聪慧，情商有多高。待人诚恳、厚道都是社交的基本法则。

有时候，你的上级领导可能就是你人生中的贵人，要多和取得成就的优秀的人共舞。一方面，可以学习他们的成功经验，使自己的思维方法得以改进；另一方面，可以在互利的基础上，获得更多其他的机会。

第三，将无形资产"产品化"。大脑中的知识是一种无形的资产，很多时候只是我们自己知道，无法将它产品化。但你只有将知识产品化，才能使人接受，自己才可能从中获得一些机会，或获得一定的经济收益。那么，怎么将大脑中的知识产品化呢？首先需要思考你会什么，有什么技能，怎么才能将这些产品化。最简单的是将自己与生俱来的读、写、说的能力展现出来。我在带实习生的时候，曾经要求他们每周写复盘笔记，并且字数要控制在两千左右，让他们学会思考，总结自己每周所做的工作以及学到的东西。我还鼓励他们注册自媒体账号，将自己的所悟所想发到这些账号上。在互联网便利的今天，加上头部平台的各种扶持政策，通过拍视频、录声音都能将自己学到的东西展示出来。而这一切其实就是将"无形资产"转儿成为"有形产品"的简单步骤。

第四，参与高起点的创造性活动。当你有很强的能力时，将无形资产产品化的路径就会比较丰富，这时你可以尝试做一些高起点的创造性活动，这不仅可以锻炼你的能力，提高影响力，而且还能结交人脉，扩大自己的认知范围。在现实中，我们经常看到很多工作 7 ~ 8 年的管理者经常会把自己对工作的思考通过办沙龙的形式分享给职场新人，其实这就是在使无形资产累积与放大。如果你没有能力组织这种活动，通过别人的沙龙进行分享，也是一种不错的方法，但记住，分享之后要把自己的思考展现在社交媒体上。

当然，高起点创造性活动也表现在工作中，比如在代理某个品牌时，是只想着做零售还是考虑建立多渠道，其实最后的结果就会完全不同。从事高起点的创造性活动，本质上是让自己迈出了一步向上的台阶，因为要调整新高度，这就需要大开大合的勇气和智慧、系统策划的知识、纵览全局的眼光、整体把握的经验、精心组织的水平等。

如果完成创造性的活动，在各方面的收益就会很高，这中间可能包含有形的收益，如公司奖励、经济收入；也会有无形的收益，比如能力的提升、获得新机会，认识比自己更优秀的人等。

无形资产的原始积累

所谓的原始累积，是指在一定的时间内通过某些方式获取的远远超过工作时能获取的财富。在互联网时代，依靠无形资产撬动财富，是一种极小成本投入的开始。试想一下，谁不希望自己过着衣食无忧的生活，住着宽敞的房子，开豪车去自己的公司接待一些朋友，喝茶聊天。对于普通人来说，这可能就是梦想，可能当下最急迫的是下月女朋友要过生日，面对吃饭、礼物要怎么精打细算，以便使自己能有宽裕的钱支付下个月的房租的问题。现在你可能觉得未来一片茫然，怎么奋斗都不可能出头，其实当下的互联网给我们带来了很多机会红利，只是你还没有意识到。

先看下历史上完成原始积累的一些方式：二十世纪八九十年代的人积累财富的方式通常是摆地摊、卖服装、开餐馆等。随着经济的发展，大家开始开工厂、做公司、做批发、做分销等。可见，在没有互联网之前，普通人的财富若想获得增长，不是做中间商就是做供应商，因为那个时代需要他们解决的是信息差的问题，也就有了"遍地是黄金"的说法。再后来，房地产投资、金融投资等开始崛起，以互联网为代表的高科技企业创业成功的也占多数。

可以看出，无论在哪个时代，完成原始积累主要靠的就是当下或者未来一段时间内出现的很多新机会与市场需求。而这些满足需求的供给方较少，靠自己的胆量、资源、信息、经验和能力适时进入并站稳脚跟后，立刻就能实现第一桶金的积累。

随着社会的不断发展，过去的原始积累方式在现在并不一定适用。试想一下，互联网时代谁还认为在街上摆地摊就能发财呢？想要完成原始积累更重要的是看自己、看当下和看未来，未来哪些行业前景广阔，自己有哪些能力，以及如何有效地使之结合就显得非常重要了。但做好个人能力的塑造是基础。多数普通人毕业后坚持工作，有持续稳定的收入是一件非常重要的事。工作可以锻炼个人能力，但带来的收入要学会实现基础的理财，不要全部消费，尽可能保持每年学习一些新技能，这样可以有持续的成长机会。

另外，就是要在一个行业深度扎根。我在面试候选人的时候看到很多工作3～5年的人，在几个行业之间跳来跳去，其实这对自己未来的发展非常不利。尽管在年轻的时候要多看看，但在我看来，在一个行业深耕下去成长的速度远比在各种行业乱跳进步得快。有了深度才能有机会在行业中认识优秀的人，与佼佼者进行切磋，这样你才能提升认知高度，视野才会得到开拓，而这一切其实是能力积累和原始财富积累最核心的部分。

从发展角度看，网络时代信息爆炸带来的技术革命并没有扩大我们的视野，反而在加剧信息的鸿沟。越来越多的个性化推荐成为主流，只要是你喜欢的，多数平台都会推荐给你，这就会牢牢地把人困在认知边界上。比如短视频标签化的推荐，购物平台的千人千面，用户早已经深陷其中，这充分说明，信息的鸿沟不但不会消失，而且还在加剧，所以人以群分的效应才会更加明显。

未来发展需要的新知识几乎成为必需品，这些知识都将变得体系化，知识变现的渠道和方式也将会越来越多。所以深耕后获得专业的能力，是新时代的刚需，也是普通人实现低成本积累原始财富的最佳渠道。

/ 核心观点 /

无形资产不仅表现在财富方面，也是集个人人品、信誉、工作能力为一体的综合体现，这些东西汇总到一起就构建成我们的无形资产。一个人要实现自己无形资产的建立，是在相当长的一段时间里，不惜花费时间和精力，对所感兴趣的职业和日常工作认真进行研究的结果。

做一个长期主义者
——时间复利

长期主义
做时间的朋友

　　我周围的很多朋友都从不同维度阐述过自己对于长期主义的看法。有人认为，长期主义是长期坚持做一件正确而困难的事，最后随着边际成本逐渐变小让自己增值的过程；也有人认为，长期主义是价值的体现；还有人认为，长期主义就是简单的坚持。

　　对于长期主义，每个人都有不同的答案。高瓴资本的创始人张磊认为，长期主义是一种个人资产与自我成就的体现，他在个人著作《价值》中写道："长期主义不仅仅是一种方法论，更是一种价值观。流水不争先，争的是滔滔不绝。"简而言之，长期主义就是找到一件值得投入的事情，然后结合自己未来的愿景躬身入局，把自己融入并长期投入，让自己成为解决问题的变量，不断接近内心想要的那个"自己"的样子。世界上的一切人和事，都像是一条时间线上的抛物线。真正的高手都是长期主义者，非长期主义者或许也能取得成功，但是人生不是一场短跑竞赛，而是一场马拉松，只有把时间拉长，客观地认识自己，才能取得最后的成功。

短期主义的劣势

短期主义比较容易理解，可以将其比作阶段性目标，其特性是"少培养""直接上手""快速变现"，这几个关键词在多数情况下都可以和短期主义对号入座。短期主义并不是一个贬义词，而是要根据个人的成长阶段去定义与理解，往往表现为注重机会成本和速成。

短期行为中的机会成本和速成的本质是还没有清晰地认识到自身的使命在哪里。没有使命，就无法建立起长期主义的信念，但又很想成功，所以就会三天打鱼两天晒网，注重速成。短期主义者一旦失败就会放弃，不会长期坚持做一件事。从某些层面来说，短期主义者缺少了"种植、浇灌、施肥"的过程，却一心想收获果实。所以如果没有得到，就会让自己陷入"巧取捷径"或者焦虑的心理状态中。

短期目标失利，加上没有长期主义的核心目标导致的焦虑，会让短期主义者觉得这个世界上有很多东西不可控，没有安全感，也就不会保持冷静和无法全身心地投入一件事或者工作中，甚至会产生非常多的抱怨，而抱怨又会给成功带来更大的阻力，促使自己愈发的焦虑。这就是一个典型的焦虑让人进入崩溃的边缘的过程。这样持续下去，短期主义者最后可能会成为严重的抱怨者——对什么都不感兴趣，做什么都无所谓，心态也会发生严重的变化。

所以每个人都应该拥有长期主义的意识，长期主义是建立在个人成长基础上的，如果一个人连持续学习和进步的毅力都没有，就无法做到长期主义。对于普通人来说，长期主义可以用一个问题来概括——你有长期目标吗？

可能多数人的答案是肯定的。比如三年内升职加薪，成为主管，甚至五年内担任副总裁等。这些确实是目标，但都不算长期的目标，它们充其量是一个短期目标。从个人角度看，长期主义应该是想明白一件事，坚持做、持续做，并且将这份快乐与职业融为一体，好比终身学习就是长期主义，终身写作也是长期主义。

长期主义的"长期"，不是个体坚持时间的长短，而是事物随着时间的发展，有一个边际成本效应，随着产量的增加，个体投入的时间、付出的精力越少，带来的倍增数反而越大。

你要把一件事情理解成只是在时间维度上不断地发生变化，而时间只是一个横轴上的数字标线而已。比如，一个人有新的创意，之后创业、融资、崛起、扩张、成熟、IPO、第二曲线、第三曲线，整个链条就好比人的生命一样，一切都在时间这个维度上进行。而在时间上，选择的项目、所做的事情够不够重要，对于前瞻的趋势判断够不够准确，能不能在市场上碰撞出火花，能不能形成边际效应，就非常重要了。

　　这其中的核心就在于学会识别这个事情在时间上的走向。经常观察股票的波动值你就会发现，如果时间轴是定式，那么股票在这个定式上呈现的状态就是由"每个小波动"组成的。这里的"每个小波动"就好比自己"长期要做的那件事情"，中间忽高忽低、跌跌撞撞。但是它不是线性的，而是像PDCA模型（详见第三章"重新设计大脑操作系统"）一样，不停地循环，就像滚雪球，越来越大，但是在时间这个周期上，它什么时候爆发，则在于市场给予的机会了。

　　一个人如果想成为"长期主义者"，首先要找到"第一曲线"，然后才知道从哪里下手、往哪个方向发展。长期主义是建立在识别了某件事物有一个好的发展的基础上再去投入，那么，我们就要思考这个"长期"什么时候才是最终点。股神巴菲特作为一名价值投资者，总有一天会卖掉自己持有的股票，所以对于长期主义者来说，也是有"阶段性"的终局的，而这个终局在哪里呢？答案就是"拐点"。

　　所以，在短期主义者眼里，遇到的每一座小山都可能会让自己停止前行；但在长期主义者看来，这只不过是前行中的一部分而已。因为长期主义者有贯穿"周期"的能力，能够从十年、二十年的角度去看一件事情，然后再回到现实看当下，最后在前行中也就会忽略掉那些"阶段性周期"的困难了。

坚持长期主义

其实，"长期主义"是一种做事的方法，每天坚持投入一点点，就会产生巨大的效应。一件事情的投入是一个非常漫长的周期，由很多个小周期组成，但长期主义不能简单地用"周期"来衡量，它应该是追求单次频率最终累加出来的"精彩"换算。从投资角度看，那就是追求"大概率的胜率"。所以建立在长期主义基础上，你所做的一件事在未来会不会变成你的"资产"就非常重要。

那什么是资产？从公司的角度来说，是指由过去的交易或者事项形成的被企业拥有或者控制，预期会给企业带来经济利益的资源，该资源在未来一定会给企业带来某种直接或者间接现金等价物的流入。从个人角度来说，自己投入的这件事情，随着时间的拉长，它不会消失，并且每天投入几个小时，经过周期的拉长，能给自己带来一笔不错的收入或者等价物的流入。所以，决定是否长期投入一件事情，我们可以从两个维度去衡量：一是收益值，二是半衰期。

半衰期越长，收益衰减的速度就越慢。比如，你花两个小时见了一个朋友，聊得很好，增进了彼此的感情，那么在以后的几个月甚至几年里，这个收益存在于你们之间。再比如，你花一个月的时间阅读了一本书，改变了自己的思维和认知方式，那么就改变了自己的"收益"，它就会影响你之后人生中对待问题的方式和决策的方式。那么，如何坚持长期主义呢？有以下几方面可供思考。

第一，提高学习力。所有的长期主义都建立在自我认知之上，如果自身的认知不能够持续迭代，也就意味着我们看事物不能直接看到本质，就无法比别人看到更高的视野。电影《教父》中有句经典台词："花半秒钟就看透事物本质的人，和花一辈子都看不清事物本质的人，注定是截然不同的命运。"所以要成为一名长期主义者，就需要提高自己的学习力。

学习力的提高要求懂得思辨，思辨就像一个PDCA的循环，是推倒重来、优化迭代的过程。比如"一个好的作家需要满足什么样的条件"这个问题，对于初学者来说，看到的可能是写作的能力；中级者认为是方法论——如何写出畅销书更重要；而高阶者认为，作家是需要不断地总结、学习、感悟的；真正的大家则可能会认为，要有洞察事物本质的能力。学习力的持续迭代，会让自己的思考像积木一样，不断地堆积迭代，每一次的堆积本质上都是自己认为正确，但又被高手瞬间推倒，然后觉得对方很有道理，最后摩擦、碰撞出一个更高的认知力。

第二，提高认知力。从寻找自我的"长期主义"使命维度来看，提高认知力是核心要素之一，当认知力提升了，也就意味着自己开始考虑边际成本的事情了。向比自己高一个台阶的人学习也是一种有效提高认知力的方法。通过高人的指点，普通人可以节省大量自我摸索的时间，以工作为例，向你的上级请教或者上级的上级请教，对方给你的反馈，比你个人的思考要深很多。

第三，进行大量阅读和写作。阅读是成长最快的捷径之一，我们可以通过别人的思考来提升自己的认知视野，从而在懂得某个道理后，进行执行并找到规律。写作是内化的过程，能够让自己更有效地去复盘。

第四，学会思考和筛选。从长期资产角度看，想要成为"时间的朋友"，我们就要知道一辈子空荡的时间优先投入哪些事情，少做哪些事情，不做哪些事情，哪些是必备的事情，哪些会形成资产，哪些会随着迭代而消失，也就是要学会思考、筛选。只有当你明白了这一点，才能在时间的长河中找到自己要做的事情，收获高价值，而这些高价值会形成"优势积累效应"，让你自身最初的一个小优势变成大优势，最终形成一种让别人望尘莫及的效应。

/ 核心观点 /

> 长期主义者会得到必然的成功；短期主义者会得到偶然的成功，然后在一次次概率事件下，归于平庸。找到长期想做的事，每天投入一点点改变，五年或十年后，量变会引起质变，而且这种改变不是渐进式，而是呈指数型增长。

贴现思维
高增长低折旧的时间思维

"人丑就要多读书"，其实看似玩笑的一句话，当中蕴含了很多哲理。除了个人颜值、体能、身材等先天因素外，知识是个人价值中最重要的组成部分。它不但可以在一定程度上弥补颜值、体能、身材等的不足，还有一个特性就是贴现率很低，甚至为负，即越读书越值钱。

我们都非常认同一个观点：现在做任何事情，都是未来的起点。但是很多人并没有有效思考如何让这件事情的贴现率变得更低。而贴现思维就是让我们投入一件事情时，不仅仅要考虑当下也要考虑未来，同时也可以从未来折现的方式来看当下投入值不值得，这就是贴现思维。贴现是一件事物的未来价值和当前价值的折算，这个折算比率就是贴现率。这是金融学原理在现实生活中的应用，金融人士在考虑问题时，不会只看当下的价值，而是会把未来可能出现的价值也考虑进去，也就是说，他们很看重成长性。其实人生也是一场投资，"风物长宜放眼量"，把目光放长远一点，把握当下，也要关注未来。

高增长，低折旧

这里的贴现可以视作是未来价值和现在价值之间的折算。比如受到通货膨胀的影响，明年的100元钱，今天只值95元，贴现率就是5%。一个资产现在的价值，等于未来所有价值贴现今天价值的总和。贴现率越高，现在的市场价格越低；反之，贴现率越低，现在的市场价格就会越高。

贴现率和折现率本质概念是一样的，但是使用场合不同。贴现率一般是拿票据到银行来贴现，银行在计算给你多少钱的时候使用的概念，而银行向央行贴现则叫"再贴现"。折现率一般是企业自己计算的时候使用的概念，比如，用折现法来决定是否投资某个项目的时候，使用的就是折现利率。另外，折旧（损耗、成本）也是决定资产贴现率的重要因素。资产是有折旧和损耗的，所以，实际的贴现率应该是名义贴现率加上折旧率。

贴现思维不仅仅可以用在金融市场领域中，更是我们生活中很多决策离不开的思维模式，比如，在个人规划职业发展和婚姻选择中，贴现思维就是一种必备的思考模式。如果一件事情，现在投入去行动，结果两年后贴现率变得很高，那么你就要思考"要不要长期投入了"。

从个人成长角度看，多数人都会高估短期而低估长期价值，比如找工作、谈薪资，往往都在乎眼前的得失，没有把眼光放得更长远一些，去思考未来的价值。比如就要离家近，就要1.8万元，少1000元都不行等。结果薪资可能高了1000元，但是公司稳定吗？在行业中的地位如何？是不是面临危机风险？会不会工作了两个月，就要面临跳槽？这些都是贴现思维的一部分。

在贴现的框架之下，必须以更长远的未来为起点考虑问题，任何短时间的行为，可能都会使我们在瞬间提高市场价格，但是在个人价值上，或者企业内部就会埋下高损耗、高折旧的隐患。时间一长，这些机会成本就会显露出来，使得企业或者个人资产的实际贴现利率极速上升，然后价格回落。

比如小黄车的经典贴现案例。共享单车前几年在"风口"之上，因为预期中的高速增长，小黄车的名义贴现率被定得非常低，所以，它的价格就非常高。因为多家角逐，加上前几年资本并不是收紧状态，看上"风口"就投，都在想着下一轮积极套现，并不看长期价值。因此，小黄车内部管理混乱，团队在各城市铺设渠道，这些隐性的成本损耗没有被计算进去，时间一长，这些成本就全部显性化了。等它显性化以后，共享单车的实际贴现率极速上升，然后导致市场估值一落千丈，最后成了一个尴尬的局面。

不仅仅是公司，个人同样适用这个原则。在金融学框架里，人的一生可以看作是资产动态变化的过程，所以，贴现率并不是固定的，而是时间的函数。比如，我们经常看到吃青春饭的行业（模特、主播等），可能会出现短期暴增，但是有没有想过它的贴现率在某个时刻会极速增高呢？一些明星因为一档节目或者电视剧瞬间就火了起来，但是如果没有长期稳定的输出及专业团队的打造，过不了几年就会消失在大众的视线里。

贴现率的另外一面就是长期主义。在现实生活中，不能因为现在读了一篇文章或者一本书没有立即产生效益就放弃了，可能从这本书中学到的价值在未来某个时刻会用得上。我们如果想提高自身的价值，就要保持亮点，其一是"高增长"，其二是"低折旧"。顾名思义，高增长就是跟上时代，不断地学习，提高自己的认知高度，你才能有办法赚到比自己认知更高的人的钱；低折旧本质上就好比是损耗，降低它的折损率。也只有这样，我们才能够降低贴现率，使自己达到长期升值的目的。

个人不管是从广度的人脉上，还是厚度的学历、处事上，都要做到同样的积累，但很多人往往高估了短期，而忽略了长期。当然短期和长期也要根据自己情况去决定。短期和长期并没有好坏之分，如果你现在都解决不了温饱，谈长期也没有意义。

贴现思维是长期和未来思维

谈贴现，其实是在替"未来定价"，而这个在替"未来定价"的过程中，有一个概念被很多人忽略了，就是实际贴现率和名义贴现率之间的区别。平时我们说到的贴现率，其实通常没有意识到资产是有折旧和损耗的，所以实际的贴现率应该是名义贴现率加上折旧率。从资产维度来看，折旧（损耗、成本）是决定资产贴现率的重要因素。从个人维度来看，折旧（时间、认知、学习力）也是决定贴现利率的重要因素。

但对于个人来说，什么样的资产能减少折旧、降低贴现率、提高市场价格呢？什么样的资产折旧率会低，甚至不折旧，反而会增值呢？很多人不能理解的是，我们怎么给人的资本算贴现率，以及这种算法对我们人生的决策有什么作用？要回答这个问题，我们需要把人力资本分为两个方面。

第一个方面，自然资本。自然资本包括个人容貌、身体素质、体态等。在时间维度的不断增长下，无论你再怎么努力，也只能降低，而不能消除折旧和损耗。

第二个方面，后天资本。后天资本包括学习的知识、个人技能、个人智商、个人情商等，这些资本在时间的维度上其实是可以累积的，并且可以锻炼出来。只要你的积累速度超过知识、技能的更新速度，你的资产不但不会损耗，反而可能增值。

在金融学原理中，一个资产现在的价值，等于未来所有价值贴现到今天价值的总和。所以，大家现在去降低资产的折旧率，就是在降低自己的实际贴现率，提高自己的市场价值。一个人的贴现率越高，这个人未来的价值就会越小，本质是因为从折现角度来看，个人的时间精力、认知能力、学习能力没有得到升华，从而让自己不断地从市场份额中下滑。

古人说，"书中自有黄金屋"，其实有很强的金融学意义，因为知识资本的折旧率相对来说很低，甚至是负的。所以，那些以知识为生的人，在更长的时间维度上，他们面临的实际贴现率更低，所以他们的收入会更高。

在贴现的框架下，想要秉承未来和长期的原则，自己必须有更长远的未来规划，从未来的起点考虑问题。站在个人成长的贴现思维角度思考什么样的投资才能使自己增值，答案肯定是学习，让边际成本越来越少。

其实每个人都有自己的"价值空间"。往往在年轻的时候，透支自己的年龄、青春，靠以前的学识、见识，不愿意进步、再次学习的人，就会很快进入贴现率过高的状态。这就是在我们身边经常会看到的一种情况：从同一所学校毕业，同样25岁时的两个人，35岁却有着天壤之别。

在生活中，很多人其实误解了木桶理论，他们一心想去弥补自己的短板，却从来没有想过将自己的优势发挥到极致，打造属于自己的核心竞争力。我认为木桶理论指的应该是已经成功的人，想要继续保持优势，不能有致命的弱点。比如，一位公司合伙人必须懂管理、运营、市场，同时又要懂技术、文化、谈判等。但是对尚未成功的人呢，要想成功，必须将自己的某一根长板放大到足够长，用这根长板去突破，而不是试图把自己变得更完美。

所以，按照未来价值的原则考虑当下，你要一反过去的木桶理论——进取者想要获得突破，不能没有突出的优势！而想要培养核心专业技能，就不能寄希望于走捷径。很多人只看到大树的枝叶参天，但他们没有看到树根在地下已经扎了多深。成功也好，天才也罢，无非一句话：十年磨一剑。

当然还有一部分人认为，做任何事情都要注重眼前利益，成长算什么，赚钱才是王道。这种观点其本质也是压榨自己的"价值空间"，你可能看到在短期内他赚得盆满钵满，但是进入瓶颈期以后，就会出现最致命的打击。

年轻的时候赚钱是一种动力，但是赚钱的目的其实本质上也是为了成就更好的自我，有自己的理想追求。比如，社会中很多人通过自己的双手赚取了启动资金，拿着这笔钱开始做自己喜欢的事情，比如民宿、旅行、自媒体，完全不靠融资，也可以过得好。因此，赚钱只是实现目标的一个结果，而不是终点。但在整个过程中，实现结果重要的核心是离不开自我的提升。

个人成长就是一个"个人投资"的过程，在哪里投资结果就会在哪里产生。你要不间断地投资自己的大脑，让自己增值，防止贴现率过高。

/ 核心观点 /

　　读懂贴现思维，可以让你看事物不但不局限于看短期收益，而且还可以在未来价值和现在价值的折算中选择损失度更低的决策。

财商思维
利用时间让财富倍增

> 有这样一个故事。一名记者来到贫困地区，路上遇到一个放羊娃，于是上前采访："你在做什么呀？"
>
> 孩子说："放羊。"
>
> 记者又问："为什么放羊呀？"
>
> "挣钱。"
>
> "挣了钱以后呢？"
>
> "娶媳妇。"
>
> "娶了媳妇以后呢？"
>
> "生娃。"
>
> "生了娃以后呢？"
>
> 孩子看着记者，说："放羊。"
>
> 由于各种因素的限制，放羊娃没有形成优秀的财商思维，于是陷入一个怪圈，终日辛苦工作，下一代也如此循环往复，生活水平却像原地踏步，始终无法跨越阶层。如果没有趁早培养财商思维，那人生就像一场老鼠赛跑，永无尽头。

是什么造成了"老鼠赛跑"

"老鼠赛跑"是指每一代人都不懂理财规划，只会通过拼命工作、努力加班的形式来换取金钱，然后用这些钱来消费，而下一代人也重复这一方式。这里面有两个关键因素：一是多数人前期无法管理和控制自己的贪婪与懒惰，二是缺乏消费观念和风险意识。下面我将对这两个因素进行具体分析。

第一，贪婪与懒惰的内循环。外界不断向我们灌输着"不努力就要被淘汰"的信号，所以我们别无选择，只能奋斗。于是，岗位与岗位之间的竞争更加激烈，企业的生存概率越来越小，我们的生活压力也越来越大。对此，王东岳老师用一个词做了总结——递弱代偿。压力使我们的贪婪欲望不断增加，越贪婪就越容易被欺骗，产生莫名的暴躁情绪，促使欲望不断增长，企图寻找一种捷径来解决问题，最终陷入贪婪和懒惰的内循环。

第二，消费观念和风险意识不断变化。随着互联网的发展，人们的消费观念和风险意识变得更加开放。信用卡、白条等信用支付业务不断出现，许多人放大了自己的消费欲望，通过信用透支来不断地消费，手中的闲钱用来投资股票、期货等杠杆类产品，享受瞬间增长带来的财富。这些行为的转变，除了因为信息化产品不断升级、媒介的方式发生改变之外，也因为人的贪欲不断增加，风险意识却并未增加，很多人用未来几十年的现金流来抵现在的消费能力，亲手将自己装进了笼子里。这些人的风险指数都很大，一旦没有了稳定收入，就会给自己带来不可控的负循环。

从25岁到35岁是人生非常重要的黄金时期，未来能不能成功取决于这10年认知成长的速度。我见过很多"90后"，发工资后从来不存钱，也很少主动学习，所有积蓄都花在买名牌、养宠物、喝酒、聚会、唱歌上。把金钱都投在用于炫耀和满足内心欲望的事情上，对35岁以后没有任何规划。在遇到事情需要投入金钱时，比如想要创业，启动资金要几十万，自己却拿不出来。奋斗了很多年却根本没有存款，这是多么可悲的事。

35岁前应该好好工作，多提升自己，在一个行业中稳住脚，用心钻研，从基础岗位开始一步一步地吃透这个行业。好好工作的本质，一方面是获得稳定的收入现金流，另一方面是用更多时间来学习和思考，提升自己的个人能力，能力提升后收入也会随着提升。那么，我们应该如何避免35岁后进入"老鼠赛跑"的负面状态呢？以下四个方面或许是当下的我们应该思考的。

第一，工作与兴趣能否融合。目前的工作是不是自己感兴趣、擅长的。只有感兴趣的工作才能做长久，这决定了自己35岁以后的道路。同时要打造自己的可迁移能力，将所学专业的底层逻辑赋能到工作上，把兴趣变成专业。

第二，未来是创业还是打工。35岁前要边工作边思考：未来要不要创业，创业的话做什么，选择旧赛道还是新赛道，什么时候开始。如果创业需要什么能力，自己是否具备，前期没有合作伙伴时要如何开展业务。这些都需要认真去思考，而不是什么都没想好就迈出去，那样失败的概率会很大。

第三，如果没有创业的打算，去什么类型的公司工作。要思考去大公司还是小公司，以及如何提高自己的竞争壁垒。因为职业生涯长达30 ~ 40年，如果选择上班，年长的时候就会有一些风险，所以要考虑自己选择的行业是不是夕阳行业，有没有前景，如果没有前景，如何改变和调整自己的职业规划。

第四，有什么短板，如何弥补。许多人在30岁前就掌握了一份工作的技能，但并没有认真审视过这些技能能否形成核心竞争力。如果在30岁后突然面临失业，就没有可迁移的能力了。所以要及早弥补自身的短板，形成高壁垒，让自己多一份抗风险的能力。

如何培养财商思维

开公司需要现金流，个人开销需要现金流……人生就是一场现金流游戏，因此开支一定不要大于收入。归根结底，生活的首要问题不是收入多少，而是支出多少。每个人都应该崇尚节俭的生活，富人是用省下的钱去做更多的投资，富起来后再花钱去享乐；而穷人则是挣多少花多少，根本不考虑以后。那么普通人要怎么培养财商思维呢？

第一，拓宽现金流的渠道。现实中有人工作几年后发现自己不但没有赚到钱，反而信用卡上还欠了很多。贫穷的首要问题，不是收入太少，而是支出太多。年轻的时候还能追着现金流跑，但随着年龄的增大就会心有余而力不足了。企业的发展也讲性价比，当一个员工的能力遇到瓶颈时，企业就不可能再去养活他，而是寻找性价比更高的人。

所以趁年轻，我们要考虑多条现金流的问题，控制自己的消费欲，将可节省的消费投入到可变量的市场上，以免因失业、大病而影响自己的财富。钱生钱的首要前提是自身的能力与兴趣，尽可能去发现自己的兴趣爱好，并坚持投入，找到可变现的商业模式。其次是解决问题的能力，很多积累的资源是有信息差的，只要找到这些信息差，将资源进行匹配，就能打开很多不同的盈利渠道。当资本收入超过单一渠道收入时，就能跳出圈子。

第二，要培养认知金钱规律的能力，以及正确运用金钱规律的能力。财商和赚多少钱没关系，是测算随着时间的变量，这些钱能够给自己带来多少自由、幸福和健康。如果这些都是增长的，那么财商也会增加；如果越活越累，越活越不自由、不幸福，那说明自己的财商在下降。

富人获得资产，而穷人和中产阶级在不停地获得负债。资产是能够给自己带来现金流的东西，可以让未来的钱不断地向自己流动，而负债是让钱不断远离你的过程。作为青年人可以积累资产的东西，最吃香的首先是写作，其次就是投资理财、保险。这些都可以产生复利，长期沉淀以后，就会变成资产。随着时间的增加，边际成本会越来越少，可显性机会成本会越来越大。

第三，别赚快钱，向优秀的人学习。快钱一般是一次性交易的事情，这种事情多数不是伤及别人的利益，就是损失了身边的朋友关系或者时间成本。如果觉得自己财商不足，那就去找优秀的人学习，去研究他们的方法论。在保障稳定的个人财产基本盘后，尽早多去实践。越早开始，自己的时间就越长，用复利产生的收益就越大，交的学费也就越少，等以后自己有钱了再去学投资理财，可能已经错失了很多。所有能正向循环的现金流渠道都不要百分之百的投入，要当作副业，同时要平衡好工作、兴趣爱好等的关系。

只有找到方法，勤奋的人才能突破"老鼠赛跑"的游戏。很多人在主业之外有很多副业，本质就是为了早日脱离囚笼。企业的成长和个人一样，如果企业把目前的业务做好，关门下班后是不是就安全了？答案是否定的，只有不断地增长，拓宽边界，才能更强大，才能主宰市场。

/ 核心观点 /

　　如果随着时间的积累，你的资产越来越多，那么你就出圈了。财富是需要积累的，我们只有懂得控制消费欲及其它可能出现的个人风险，才能够去迎接获得财富的更多可能性。希望你用消费降级的心态，过好财富升级的一生。

机会成本
时间最大的价值

世界上没有免费的午餐，有时我们为了一些收获而感到开心，却没有想过这其实也是有成本的。

上大学的成本是多少？从表面上看，上大学需要支付学费、生活费、住宿费等，但这些只是可见的"显式成本投资"，还有一些是我们没有看到的机会成本。如果不上大学而是去做其他事情，我们可能会获得更大的利益。比尔·盖茨（Bill Gates）18岁考上哈佛大学，但是他没有读完大学课程，而是中途辍学，跟朋友一起创办了微软（Microsoft），后来成为世界首富，被很多人称为当今世界"最成功的退学生"。扎克伯格（Mark Elliot Zuckerberg）也是哈佛大学的学生，他在学校的时候学习的是心理学与运算科学，后来也辍学了，创办了脸书（Facebook），该网站很快成为世界上最重要的社交网站之一。

想象一下，如果比尔·盖茨和扎克伯格坚持按正常时间读完大学，也许微软公司和脸书就会错过最好的"风口"，甚至根本就不会问世。有趣的是，比尔·盖茨在2007年被哈佛大学颁授荣誉法律学士学位，扎克伯格也在2017年拿到了哈佛大学荣誉法学博士学位，他们用另一种方式完成了自己的"学业"。

关于机会成本

在N·格里高利·曼昆（N·Gregory Mankiw）所著的《经济学原理》（*Principles of Economics*）一书中，机会成本被定义为某种东西的成本，是为了得到它所放弃的东西。一个更为完整的解释是：机会成本是在你做出选择时放弃的所有其他选择中，最好的选择可能带来的财富收益。

机会成本本质上是一种隐形成本，而不是我们在日常生活中所说的实际成本，如消费、货物、劳动、时间、感情等。现实生活中资源在一定时空范围内是有限的，因此，我们必须做出一个优先级更高的决定。比如第一个女孩更漂亮，第二个女孩更聪明，第三个女孩性格更好，但是只能选择一个结婚。

机会成本也可以理解为替代成本，世上没有免费的午餐，你不可能两者兼得。永远不要贪婪，想拥有一切。对每个人来说，选择的机会越多放弃的代价就越大，更重要的是，我们只能做单选题而不是多选题。例如，一线城市有更多的机会但竞争非常激烈，二线城市虽然舒适但增长空间和个人收益相对较低。

我有一个朋友H先生，想成为一个自由职业者。我问他为什么不考虑找个工作，而要成为一名自由职业者呢？要知道自由职业者风险是很大的。朋友是这么回答我的：找一个公司，无非还是做数据收集分析、活动计划、跟踪客户等，只是换了个办公地址而已。在公司工作只不过是提供自己的劳动力，然后获得固定收入或绩效佣金收入。没有自由，自由只能在工位附近几米的距离内，甚至一天都要待在自己的岗位上，你能实现你的理想吗？不能，你只能帮助你的老板实现它。

一想到这个，我确实有点沮丧。我也理解朋友说的那种心理感受，但是朋友又说："虽然我知道换工作解决不了这个心理问题，但对于想获得自由的我来说，我还是感到有点害怕和说不出的焦虑。"虽然目前的工作状态令人沮丧，但它可以让你有稳定的收入。如果你辞职去做自由职业者，如果最后创业没有成功，就会面临生活上的窘迫、精神上的压力，甚至还有身边朋友的误解和嘲讽等问题。渴望自由，就要放弃坐班的底薪；渴望自由，就要承担风险。本质上怕的是放弃了紧紧拽在手里的东西，却又未能抓住想要的那些美好，无法在现实环境中做出抉择。

不用机会成本去思考问题的人，前期精力的投入、试错的投入足以让他们感受到生活带来的不安。而那些喜欢通过机会成本思考的人，在早期，他们会不计成本地投资一些东西，并建立自己的现金流渠道，有一份安全的额外收入，这些东西可以使他们随时可以辞职，这是成为自由人的条件。最后，你可以看到，正是这些人，收获了大量的税后收入，他们成为社会中会赚钱的人，因为后期，他们足以让自己的边际成本为零。所有这些显然都是在早期阶段积累起来的，付出比别人更多的时间和精力，甚至承担普通人不能或不想承担的风险。

如何衡量机会成本的权重

一些机会成本可以客观地量化，如用货币衡量经济活动中投资的机会成本。当然，在生活中，许多机会成本不能定量分析，只能进行主观比较。不同的职业选择带来的职业成就，从事不同的社会活动产生的效益，就没有办法进行定量分析，只能从主观方面进行比较、判断。就个人而言，如果你想准确地衡量一个选择或决定的机会成本，你必须首先确保机会成本是可以衡量的，这是前提。所以，找到所有可以选择的机会，并且准确地衡量每个选择或决定的好处与收益，我们才能准确地衡量机会成本。但在许多情况下，我们认为已经找到了所有选择的机会，可以准确衡量每一个选择能带来的好处，但结果两者都没有。为什么？因为每个人的认知范围和高度不同，这将使我们错过一些选择或选择所带来的好处。举一个简单的例子。

C先生与妻子两人相隔1000多公里。他要告诉妻子一件事情，20年前，有三种选择：乘火车去见妻子，要花3天时间；用特快邮寄一封信，要花5天时间；使用公用电话给妻子打电话，要花15分钟。现在，除了原来的三个选择，还有新的选择，那就是用手机给妻子打电话或者发邮件。假设在这20年里，C先生对手机和互联网知之甚少，最后可能还会选择使用公用电话。20年前打公用电话是机会成本最低的选择，但今天，打公用电话不再是机会成本最低的选择。

随着社会的发展，选择也在变化，同样的选择有不同的机会成本，错估了一些选项也很常见，尤其是在投资领域。因此，如果我们要准确地衡量一个选择的机会成本，有两个障碍：一个是没有找到所有的选择，另一个是错估了一些选择所带来的好处。

以上，我们分享了如何考虑机会成本的权重值，那么它对我们做出决策有什么好处呢？了解机会成本可以将损失降到最低，这意味着在当前状态下选择放弃或牺牲的成本最小。

那么，有什么方法可以更准确地计算一件事情的机会成本呢？必须要做到两点：一是找出所有的可选项目，二是准确地估计出每一选项的收益。要实现这两点，需要尽可能地掌握各方面的知识，并具备深入思考的能力。正如我上面所说的，C先生想告诉他妻子一件事，20年后，如果C先生能先了解最新的沟通方法，他就不会误算机会成本。

就像电影《摔跤的爸爸》中的父亲一样，如果他没有远见，只看眼下的情况，他就不会把女儿培养训练成摔跤手，因为在那时候那样的环境下，把女儿培养训练成摔跤手的机会成本太高了。机会成本本身是一个被广泛使用的概念，但我们通常没有理解这个概念，没有认识到机会成本可以帮助我们更好地衡量收益和损失，避免决策时不必要的损失。

不确定中的机会成本

对于不确定的机会成本，如果我们从机会的层面来考虑，那就是机会的代价。比如，如果我不这么做，我会失去什么机会，会得到什么回报？如果在战略机会中选择错误，结果是错失良机，其成本是无法估量的。

大部分人正常的想法是：如果我这样做，可能会有什么损失？机会成本思维是一种经典的逆向思维——如果我不这么做，我会失去什么？比如有一天你要去世了，最后悔的是什么？社会调查和研究结果表明，排在最前面的是：我没有做想做的事情。换句话说就是，不做某事的机会成本可能成为我们一生都无法承受的痛苦。对于我们每个人而言，最不确定的是明天会发生什么。在外部市场流动过快、时间不确定性的情况下，我们最需要做的便是问问自己最想要什么、想过什么样的生活。你的人生经历还很浅的时候，你可能不知道将来必须过什么样的生活。但你有一颗不安的心，可能会想要更多，也可能注定会让你的生活更加艰难。

我们要知道的是，对于自己想要的东西，如果不去行动，那么我们就失去了可以做更多事情的机会。在网络时代，每个人都面临同样的机会，这无非是"如何选择"和"有效执行的问题"。我知道"做得更多"是有代价的，每一次尝试都需要突破、勇气、毅力、耐力以及时间和精力。每次开始和投入都可能会面临失败，每次失败也可能会让自己的精神和身体受到摧残。但正是这些自己尝试之后经历的苦难，才可能把未来画成一颗颗闪亮的星星，点亮自己走过的每一个过程。

需要注意的是，企业都会考虑机会成本最小化。当企业将所有资源分配给一个项目时，它将放弃另一个项目，当然，假如失败了，机会成本是无法估量的。比如很多企业在转型升级时不选择用"主品牌"做升级，取而代之选择拆分一个"子品牌"或多个"子品牌"来试水，等商业模式成型了，才会使用"主品牌"去测试。这样做虽然会损失一部分资金，但会减少一些战略风险。如果直接用"主品牌"测试，一旦失败，这就不只是损失金钱的问题了，可能遭遇的是公司倒闭、品牌用户和营业额极速下降、员工下岗等问题。因此，每个企业遭遇的最大挑战是如何最小化机会成本。传统的首席财务官可能对会计成本有一种思维模式，即如果他们能花少于一美元，他们就不会花更多。但是进入互联网行业需要反思一下：我们的支出足够了吗？只能投资这些吗？为什么不做更多呢？因为如果你不做得更多，错失良机的代价可能就是巨大的，甚至比如今投入的资金还要多。

/ 核心观点 /

要想得到更好的机会和选择，首先需要做的便是对每件有价值的事情全力以赴。尽可能让自己学会把宝贵的时间放到有价值的事情上，而将那些低价值的事情交给成本更低的人去做。

沉没成本
面对付出及时止损

　　在生活中，我们在决定是否做一件事情的时候，不仅会看这件事对自己有没有好处，也会看过去是不是在这件事情上有过投入。如果我们过去在这件事上有过投入，那么在做选择时，这些投入就可能会成为干扰因素。

　　一个好朋友向我抱怨说："和女朋友在一起很长时间了，越来越发现我们不适合做伴侣，因为她的性格不是我想要的。"我问他："那为什么不分手呢？"朋友说："我不能放弃她，因为我俩在一起很久了，我从来没有为一个人付出过这么多。"朋友的深情令人感动，但是我并不看好他们的未来，因为我很清楚他们不是一个世界的人，分开是迟早的事。我甚至怀疑朋友并不是真的爱她，只是自我感动罢了。

　　过去付出的东西，并没有取得应有的效果，也无法收回，就变成了沉没成本，就像一块石头被丢进池塘，溅起了一片水花之后，就迅速沉入了池底。

关于沉没成本

假如你花了50元买了一张电影票，但看了半个小时后发现电影很糟糕，你会继续看还是起身离开？我认为，大部分的人都会选择继续看下去，哪怕是在电影院玩玩手机、打打游戏也要坚持到电影结束。这里不愿意浪费已经花了的电影票钱就是沉没成本。沉没成本多出现在社会经济学和商业决策的过程中，是指已经不可回收的成本。沉没成本经常与可变成本相关联，但沉没成本有时也是变动的。如果你作为投资者花15万元买了一辆汽车，付款之后15万元就成了沉没成本，失去了对这些钱的支配权。使用一段时间后，你可以在二手市场上出售这辆汽车，但是出售价格肯定会低于购买价格。这时，卖出和买入的价格差就是沉没成本。车的购买时间越长售价越低，沉没成本也就越高，此时，沉没成本可以是固定成本，也可以是变动成本。

我们决定是否投入一件事时，面对沉没成本，通常会有两种思维模式：看过去和看未来。

看过去：经过自己或他人过去的积累、演绎和核算，觉得可以继续投资，然后就会选择把事情做完。比如你是一家服装店的老板，顾客在购买衣服时总是喜欢试来试去，对于你来说，沉没成本就太大了。经过深思熟虑，看过去的时间和精力的投入后，你可能会想："我还是再给顾客换其他款式吧，没准他试多了，最后就买了。"这就是觉得已经投入了那就继续吧，说不定能改变最终的结果。

看未来：做一件事除了比较过去，有些人还会思考未来的发展趋势与机遇，结果在寻找前景的过程中发现前景不好，但是已经坚持这么久了，如果放弃，之前的投入就没有了；如果不放弃，就必须继续投入时间、精力、物质、资源，直到最后咬牙完成它。如果你放弃，在执行过程中投入的时间、精力、物质、资源都将被视为沉没成本。比如你打算去奶奶家，但奶奶家住在乡下，要花三天的时间。走了一半路程后，妻子打电话给你，让你回去做另一件事。这时你会想，已经走了一半的路了，反正妻子的事也不是太急，回去之后再办吧。因为如果不去奶奶家，而回家为妻子办事，浪费的时间将成为沉没成本。

沉没成本在经济活动中很容易被投资者感知到，许多人会因为已经支付的成本而坚持投资，结果忽略了投资本身是否有利于自己。例如，你花50万元买了一家店铺，但是这家店铺地理位置不好，一直租不出去，每个月还要支付其他杂项费用，然后你决定48万卖出去。如果我们考虑沉没成本，许多人会认为这是在赔钱，不应该出售，但是从机会成本的角度考虑，可以拿卖出的48万元参与其他利润较高的项目进行投资。当然，沉没成本的本质是没有好坏的，有目的地制造对象的沉没成本，有助于使顾客成交，但是自己必须克服对沉没成本的偏见，才能做出合理的判断。

放弃沉没成本，很难

为什么许多人倾向于保持沉没成本？从表面上来看，这与两种心理效应有关：一是珍惜被拥有物效应，二是厌恶损失效应。

珍惜被拥有物效应是指当某件东西被自己拥有了，你就认为它的价值会更大一些，毕竟每个人都不希望所拥有物被贬值。当你把谈话对象和某项商业活动视为项目投资，而你是项目投资的承担者时，你的"珍惜被拥有物"效应就会开启。比如，昨天你花了399元在某平台开通的VIP会员，今天只需要39元就可以开通，我估计你会严重怀疑自己的判断，甚至去找平台理论。

厌恶损失效应是指当我们面临可能的损失和潜在的收益时，多数人更愿意避免损失而不是争取潜在收益。比如，现在你面临两个投资项目，第一个投资项目是，如果失败了会让你损失20万元，但如果成功了，会给你带来40万元的收益。第二个项目是，如果成功了你只有10万元的收益，一旦失败了，也只会损失10万元。在这种情况下，你会去选择哪一个呢？大部分人可能会选择第二个项目而放弃第一个项目，因为第二个项目的风险小，只有10万元，而第一个项目会损失20万元，但是我们却忽略了第一个项目的盈利也多。

为什么厌恶损失效应会对沉没成本构成某种心理支持呢？道理其实很简单，重视沉没成本本身就是对过往高度的重视，或者说它体现了我们对未来某种不确定性的恐惧。

因此对于执着于这个效应的人来说，潜在的未来损失比过去的现有损失更可怕，因为它涉及机会成本。所以大家就会陷入这样一种思路：这个生意一直在亏钱，但是我坚持这么久也迭代了不少次，说不定该赚钱了。如果换个生意做，又是从0到1的开始，谁能保证我未来就能够赚钱呢？还不如做老本行。

然而，在现实生活中，这是一个市场秩序发生巨大变化的时代，坚持降低成本实际上会导致两种可能的后果。

第一种后果：未来的新项目自己不熟悉，抛弃原来的项目投资新的机会反而会输得更惨，因此这个时候还是保守的好。

第二种后果：时代和市场变了，本来自己熟悉的行业也快过时了，自己坚持传统很可能会被时代和市场淘汰，那么就不得不去转变。

因此产生了两种可能性：一种是守着传统反而更好，另一种是因为守着传统而被淘汰了。这样的情况实际上就是因为存在不确定性因素，而这种不确定性会使人茫然。所以，大多数人不会选择激进的做法，而是采用保守和小规模的测试来推进。

做减法，及时止损

前几天，我加了一个做咨询服务的老师的微信。在微信上，我们聊了大约两个小时，在聊天的所有的关键词中，他最常用的是"止损"。

什么是止损呢？搜索引擎给出的解释是"割肉"，是指当一定的投资达到设定数额时如果还在亏损，就要及时斩断以避免形成较大的损失。其实，这种"割肉"的保护行为并不局限于投资行业，生活中遇到的许多情况也依然适用。因为止损可以使我们及时停止当前的行为，避免进一步的损失，这对于摆脱沉没成本来说非常重要。

比如，当电影不好看时，将再看5分钟设定为止损点，如果不好就马上离开，然后把你的精力和时间投入到其他地方；当工作达不到自己的期望时，设定一个损失的标准，如再坚持两个月，如果自己还不能接受，就去寻找新的工作机会。及时停止损失，其实就是给设定目标的事物加一条红线，这条红线就是底线，一旦触碰底线就立即改变。在错误的道路上，停止就是前进。

2017年年底，我想买一台电脑办公用。当时很纠结，市面上的款式和各维度参考有很多。在众多决策因素的影响下，我运用了减法思维，只考虑一个因素，那就是"品牌"。最后我果断地选择了苹果，那台电脑一直被使用到现在。因此，当决策受到影响时，我们应该学会使用减法思维，首先抛弃一些不相关的因素，选择最有影响力的因素来负责最终的决策。

另外，摆脱沉没成本也可以采用"第三人"的角度来看问题，想想如果换成别人，他会如何选择和做出决定，他会投入多少精力和时间。

/ 核心观点 /

　　生活中，每个人都会遇到沉没成本，摆脱沉没成本最重要的是认识到沉没成本给我们的主观思维带来的误导，进而才能有效地摆脱和调整。需要注意的是，沉没成本没有好坏之分，核心在于自我观察问题的视角，在较小的利益范围内，我们也可以适当地改变思维。

构建模型化知识体系
——学习复利

知识树
更高效更系统的方法论

先来看这样一个场景：打开知乎，看到了一篇有趣的文章，顺着文章往下看，发现原来这是一篇软文，根据软文的指引，你开通了知识付费……付出了金钱和时间以后，你本该获得大量知识，但是你仍然感到十分空虚，你连昨天看过的文章是什么都不记得了。

人的大脑就像一棵挺拔的大树，树上挂满了不同行业、不同领域的知识，比如财商、营销、运营等。如果不能科学地处理知识分类，大脑就会变得像一团糨糊一样，所以我们必须建立正确的学习方法。然而世界上的学习方法那么多，每一个都值得学习吗？

知识是有结构的，工作内容也是有体系的，学习应当先掌握"主干框架"，然后再将内容补充到大框架中。知识树就是这样一种能够解决复杂问题的学习方法，它是一种包容性极强的学习方法，可以帮助我们在短时间内快速理清知识体系、掌握底层逻辑。如果缺乏知识树的训练，大脑中储存的知识就会变得像颗粒化一样，难以形成模块化的体系。由于没有框架，随着时间拉长，记忆的知识就会出现缺失。

关于"知识树"

"知识树"是一个人能力的底座，当说某人能力不足、学习能力不够强、专业知识懂的少时，其实隐性反馈的就是这个人的"知识结构比较差"。

什么是知识结构？知识结构是由多个知识点组成的体系化的方法论。将不同维度体系化的方法论储存在大脑中，就形成了一个人大脑的思考问题的方式。你掌握的知识点越多，结构分类就会越系统，遇到问题的时候大脑可以搜索和链接的知识点也就越多，从而备选方案也就越全面，而且效率也会越高。

什么是知识点？我们每天都会面临很多的信息，但可以把信息分为两类：一类是资讯，一类是知识点。什么是资讯呢？就是在个人成长中，那些无关紧要的看似是"干货"和方法论的东西，却在关键时刻起不到作用。它们只能在相对较短的时间内带来价值，不能长期使用，比如较多公众号的鸡汤推文。什么是知识点呢？知识点是构成所学技能的最小化单元。比如"我今天学习了如何演讲"，这就不是一个知识点，而是一个知识面，别人也不知道你具体学习了哪些模块。如果我说："我今天学习演讲的时候，老师告诉我不要小动作太多，不要随意晃动。"那么这就是一个知识点。因此衡量某个内容是不是知识点，有两个判断标准——"让别人完全能够理解"和"通过练习能不能完全掌握"。

知识点是"颗粒化"的，当在一个领域中，自己掌握的知识点足够多的时候，就能起到串联的作用，而知识体系就是建立在多个知识点之上，通过总结方法论，并将每个方法论进行串联形成的体系。

"知识树"本质上是一个层级式知识图，它表达了为实现目标所相关知识间的因果关系或者从属关系。而知识体系作为"知识树"上的一个支干，随着时间的变化而发展，它是动态的，而非静止的，会随着社会的发展或者组织的变化而变化。

现在多数人习惯做"一片树叶"，比如学习岗位技能及碎片化技能、完成领导布置的基础任务等，但这些东西无法让我们的认知得到快速提升。如果想在一个岗位上或者一个垂直领域快速成长，最好是先寻找有无体系化的内容，让自己去学习成型的方法论，然后再进行额外的补充。就像我们读一本书，不会直接去读当中的某个节选，而是打开首页，先看大纲，然后再去细读，或者看完大纲发现感兴趣的内容后，先做标记，优先阅读。所以，在步入职场后，我们的学习本质应该是去建立更多的知识体系。

用"知识树"结构去思考

我个人一直推崇的学习核心不是精通，而是先掌握基础。因为这个世界上所有的东西变化得非常快，每个行业本质上在赚取的是认知差，如果想要对很多事情都精通，就要大量的花费时间和精力进行学习。

生活中我们多数的学习是为了找到某个问题的解决方案，以及提升自己的认知。因此，很多人为了找到解决方案，就会把大量的精力用在钻研上面，其实这是不对的，如果寻找解决方案，更好的方案是找到匹配岗位的人才。我尊崇的一个理念叫作"专人做专事"。自己只需要精通自身领域就够了，其他领域肯定有学者、专家等不同维度的人在做，如果你想了解，向这些人请教比自己钻研更有效，是最节省成本的方式。所以有效学习应该是更深层次地了解本质，应该从体系化掌握到挖掘背后的逻辑。

所有的学习和思考，大致可以分为孤立式和结网式两种。何为孤立式？每天打开社交媒体，面对各种文章笔记，看一篇收藏一篇，看一篇觉得属于"干货"，就马上记录，这些学习行为通称为"孤立式学习"。何为结网式？我们所学的东西都是有体系的，但是体系分为两种：别人的体系和自己的体系。当学习别人体系中的某个知识模块的时候，我们结合自己当下所需，然后通过定向的学习和提炼，让这个模块的知识成为自己体系化当中的一部分，这就是结网式学习。

结网式学习的好处是不会让自己陷入知识陷阱中。每个人的学习其实就是让旧知识和新知识串联，不断学习新的知识，然后和旧的知识进行类比、提炼，最后让它成为自己的体系。如果自己看到一个知识点、一篇文章，不能让它和自己大脑中已有的知识点进行关联，并和未来的发展相结合，那么就不能结网，也就是所谓的孤立式学习。孤立的东西并没有坏处，但是很容易忘记，就像自己学过很多东西，依然记不住一样。

"知识树"的思考模式就是让我们懂得学习别人体系化的东西，寻找方法论背后相通的本质模型，融合成为自己的方法论，然后打包梳理成为一个新的知识体系，这样思维才能足够清晰。如果你想要孤立式学习，那么最好先找到自己想要结网的体系，在有框架的情况下去孤立式补充，这样就更容易吸收，变成自己的知识。

构建"知识树"的方法论

归纳法和演绎法告诉我们，经验是用来归纳的，通过归纳的方式，总结出本质层面的东西，然后通过演绎寻找出新的赛道，这整个的环节就是创新，所以创新也是有方法论的。创新是基于原有的知识之上的，所谓原有的知识，也称为方法论。如果从个人成长角度看，这些方法论有前辈总结出来的，也有自身经历提炼的，可分为静态学习和动态学习。

什么是静态学习？我举两个简单的例子：你去考驾照，在考试前需要学习驾驶的基本理论知识，教练也会教你怎么打方向盘、侧方停车需要看哪里、坡起什么时候拉手刹等；你读一本品牌营销的书，书中会教你如何做好品牌、做好品牌的方法有哪些、如何做好市场调研、市场调研需要什么分析模型等。这一切都是静态学习。静态学习的本质是学习方法论背后的逻辑，先让自己知道逻辑如何，从而提高自己的认知。站在十楼看一楼和站在五楼看一楼，风景是完全不同的。静态学习要求自己寻找领域内的精英视角，然后将别人分享的见解、认知转化成为自己的视角。其实这种学习场景就在身边，只是多数情况下自己没有意识到。比如，你假期开车去张北大草原参加音乐节，这时车载导航一般都会给你指出好几条不同的路线。有走高速节省时间的，有走小路避免高速收费的，而这两个视角都是别人走出来的经验。如果完全靠自己去摸索，你可能就会走弯路；如果按照导航的指引，你可能节省一半的车程和时间。

那么如何去研究这些认知呢？最简单的方法就是看他的成长路径和学习方式。把一个人过往的从业轨迹、做过的岗位研究一遍，读过的书、写过的笔记全看一遍，这样你就能领悟出他的一些思考方式，但是这也需要一些时间的投入。如果不想投入那么多，那就直接和他建立联系，付费听他的课，去提问，把他回答的内容进行提炼，然后揉碎消化、吸收，变成你的理论和认知支撑。

什么是动态学习？动态学习的本质是要求自己刻意练习，比如化妆、打篮球、做市场营销、进行社群运营管理、进行用户管理等。这些都需要自己去验证才能得出真理、提炼出自身的方法论的东西，所以称之为动态学习。大多数的方法论学习都是动静结合的，先理论后实践是最容易掌握一门学科的。很多人为什么会越学习越焦虑呢？他们往往缺少的就是动态的刻意练习。你经常可以看到很多的付费课程，比如"社群运营50节精选"、"产品运营从0到1"等。你听完这些课程之后，大脑中的理论知识增加了，但是理论始终是别人的，自己没有通过动态的方式去提炼这些理论中的核心内容，所以最后就会造成眼高手低。什么道理都懂，但却过不好一生，做不好某件小事。

总之，动静要结合，多数人以为读完书就懂了很多，其实这是错误的，要提炼、刻意练习、执行打磨，最后总结出来的方法论才是自己的。

用"知识树"寻找本质

我们经常讲学习要找本质，好比我们保养皮肤去打水光针一样，要抛去表皮层寻找真皮层，让水光和真皮细胞结合从而达到让肌肤透亮的效果。但是现实中多数人是看不到"真皮层"的，那么我们该如何锻炼自己寻找事物的底层逻辑的能力呢？可以从以下3个方面来做：熵减，系统模型，分类思维。

熵是一个物理学的概念，主要用来形容一个系统失去顺序的情况，一个系统中熵越多，能够做功的能力就越少，好比我们学习，外界信息化的东西越多，越让我们无法找到本质。

你应该听过这首诗："从前的日色变得很慢，车，马，邮票都慢，一生只够爱一个人。"现在信息化的东西日益爆炸，手机、电脑、邮件等一切都变得很快，但是我们却越来越迷茫。为什么呢？因为个人系统中的熵太多了，我们活得越复杂，接收到的信息越多，自己就越难做决定，这种趋势越发展，我们就越会被信息淹没，最终无所行动。

熵减就是不断地挖掘内核，最后你会发现，所有事物的本质都是相通的。把混乱的知识进行有序化的梳理，没有用的忽略掉；留下有用的，以笔记、思维导图的形式进行记录，尽可能排除不确定性，让信息熵变小，那么就能找到底层逻辑。

我在学习市场营销的时候，就是一边学习一边分类，然后提炼。比如《定位》《营销管理》《影响力》这些书籍都是讲本质的，属于底层原理；比如《流量池》《精准化投放》《数字营销》这类书籍就会将方法论层面的知识分享给你。在学习任何知识的时候，都要一边学，一边对读过的内容进行分类筛选。

再比如运营分为用户运营、增长运营、社群运营、商品运营、活动运营、社区运营、KOL运营等，这些都属于一个主干旗下多个支干上面的分支，而分支下面又有很多碎片化的知识点。我们要对分支进行梳理，实现从碎片到体系，再到方法论，那么就得要有整体思维和小系统的概念。

就像小时候经常玩的积木游戏一样，你要把这些积木按照图片去拼接起来，让它完整。在堆积木的过程中，自己就会不断地思考每块积木的特征、它们之间有什么联系。最后，当这个积木整体拼完，就是一个小的系统。小的系统等于一个分支，当有足够多的分支之后，就成了一个知识树。

/ 核心观点 /

如何运用知识树的思维去思考？把内容分为孤立式和结网式两种，通过结网式的内容提炼自身的方法论。如果以皮肤的分层比喻学习，角质层学习"碎片化知识"，颗粒层学习"经验"，有机层学习"方法论流程"，基底层学习"哲科思维"找规律。构建知识树，认知成长快一步。

大脑算法
学习力就是刺激大脑

人的记忆力是有限的，过目不忘的天才毕竟是少数，对于大多数人来说，有意识地练习才能让大脑不"生锈"。美国耶鲁大学的心理学家斯腾伯格认为，智力成分、智力经验、智力情景这三大要素决定了人的智力水平，天才和庸才的区别就在于他们在三要素上的编写算法不同。

经常有朋友在社群里问我，如何才能培养自己深度思考的能力，针对这个问题，我给出的答案是：放下手机，买一本与工作、生活相关，需要"动脑"的书籍，每天坚持半个小时用心把它读下去，等你完成连续7日的阅读后，再来找我要答案。很多人可能觉得这么做很容易，不就是"读书"吗？我每年给自己定的目标是读50本书，轻轻松松就可以读完。但是结果呢？自己好像也没有得到深度思考的能力。所以怎么才算深度思考呢？在我看来，它应该是一套"有效思考＋正向反馈系统"，就像知识体系一样，通过各种有效认知的摄入打通大脑底层，形成多元化思维，最后拥有解决问题的能力。人与人之间能力的差距，本质上是大脑程序公式运算的结果。

脑（CPU）的反馈原理

打开知乎搜索"大脑的本质是什么"，你能得到各种各样的答案，比如信息的处理机器、计算机的CPU。从深层意义上来说，我们每天所做的事情并不是在工作，也不是在赚钱，而是在训练大脑的系统。准确来说，你传递给大脑什么，大脑就接受什么，你每天越刷各种视频信息流，越喂它懒惰无趣的事情，它就越不想思考。你每天传递给它复杂的东西，需要各种推敲、反复琢磨的内容，它就会调整处理速度，尝试改变，直到能满足你的各种需求。

大脑不仅能处理外界信息，同时也能处理属于自己本身不依赖外界产生的信息，它会在进化的压力下，不断演变信息的处理，从而与我们的身体和其他部分密切配合，让自己可以适应新环境，产生合适的行为。所以终其一生，大脑都在做一件事，即通过不同感觉器官接受外界的信息输入，经过处理和解读，转化成行为的输出。这一切的过程叫作脑的反馈机制。

我们每天的社交、刷手机、看新闻等都是外部环境给大脑提供的各种有效的触点，然后支撑大脑CPU去思考，为它提供动力源，支撑它去理解和探索外部的世界。在这个过程中，大脑也会通过各种触点评判、类比，形成自我认知，进而改善认知的结构，产生迭代行为。就好像齿轮在工作的状态，一个齿轮的转动会带动下一个齿轮转动，下一个会带动再下一个，但是当一个不动，所有的传动链也就都停止了。这种转动，就是外部问题推动大脑运转的过程，就像你每天开车一样，轻点油门，30迈，再加速，40迈、50迈、60迈……当你用力踩油门的时候，发动机的转速就会越来越快，但无论你怎么踩油门，最终提高的只能是发动机的转速，"系统"却无法改变。而大脑与此不同之外是它具有迭代性，它的迭代最终是为了保证系统的一切正常运作，无论外界带来什么样的压力，大脑都可以处理。

可是在现实世界中，你发现自己理想的状态和实际并不契合，于是每天就会遇到各种不确定性的问题，而这些问题"大小都是不同的"。这就导致了外界给予大脑施加的压力也是不一样的，好比让你做一个PPT与做一份项目报告对于脑力的使用程度完全不一样。原因是，大脑的CPU是存在记忆行为的，我们所做的每一件事情都会有残余能量留在脑中，比如，晚上做梦的行为，就是因为残余能量的反馈作用。大脑的简单处理本质是基于残余能量筛选信息，构建一套简单、能够协同、说的过去的认知水平线，用这个水平线来适应"通用场景"。因为大脑不求把这些"自由能"给消灭掉，只希望减少"残余"，使它最小化，这个原理其实是"脑"对信息的过度简化。

举例来说，领导让你去听一堂维度非常高的认知课，然后回来和大家分享，并要求你必须要写笔记。你为了完成这个工作，又不想太费脑子地去理解，于是就会选择折中的方式，基于脑中已有记忆做一次总结，然后分享给大家听，以表示任务完成。如果你长期基于这种模型，会发现"你停留在固有的认知小黑屋中"，形成一道高壁垒的墙，不想去拓展它的"宽面"。

在现实中，许多人都是这样，比如：别人说什么，我无所谓，你说怎么做，我就怎么做。再比如：我不管你说什么，反正我是听不进去，我以为的就是对的，并且我还要说服你。这一切的原理就是"残余能量"处理方式带来的固有认知，用主观视角去给人和事物加上一层有色眼镜，给自己形成保护。

就像你看了很多文章，总是带着批判的眼光，觉得别人说的什么都不如自己，写的也差劲、无序、不准确、经不起推敲等，而这便是大脑的工作原理。那么如何让反馈机制变强呢？可能有人认为，我们首先要有目标、有使命感、有所追求，然后要经历挫折、失败，不断地突破，才能真正地变得更强。这样说对吗？对。但是如果从更底层的角度来看，我认为人变强大的核心在于自己的心智与现实的磨合。只有改变了固有的系统结构，对我们的内心进行不断地探索、追求，才能实现对社会、世界进行认知—吸收—接受反馈—内心演变—适应环境，这一切的过程就是人变强大的过程。

重新设计大脑操作系统

后面我会讲到一个PDCA模型，这里我先简单说一下，PDCA是一个管理学中的闭环模型，包括策划（Planning）、实施（Do）、检查（Check）、处置或改进（Action）四个部分。大脑也一样，怎么让大脑深度思考呢？回到我开始阐述的为什么要训练大脑去读需要"动脑"的书籍，并且每天要用心坚持半个小时。

第一步：训练它接受困难的事情。你需要做的是先"训练它（CPU）"，即PDCA的第一步，重新设计这个系统。当你让它实施（Do）的时候，读那些结构复杂、难以理解的内容，就是在疯狂地摄入，思考就像齿轮一样，极速地发生了变化，若通过外界环境的刺激，再给它来个"油门"，它的转速就会不断地上升。

下次你若想把时速提到120时迈时，你会发现很容易，因为大脑经过你有意识地刻意训练，会自动化进入那个状态，高效处理繁杂琐碎的事情。很多人看长篇文章看不下去，就是因为长时间没有训练大脑了。只告诉大脑短文好看，可以极速预览，长文难读，需要花费时间，自动过滤，这就是刻意训练的力量。

第二步：设计思考模式。深度是建立在思考之上，怎么算是思考，答案依然是反馈机制。我把它分为以下三种类型：

第一种：行念型思考。通俗来讲，就是我们平时的念头型思考，属于比较浅薄、随机的想法，不加依据的分析，是大脑的节能模式。举个简单的例子，你正在工作的时候听A同事说了句"本周六日要团建"，过了10分钟，B同事突然对你说："这周有空没？一起聚个餐。"你就会直接告诉他，这周要团建，去不了。事实上，团建本身这件事情并没有得到验证，没有依据，大脑没有对随机带来的信息进行过滤，而这就属于行念型思考，具有随机不确定性。

第二种：认知型思考。基于自己的知识储备进行思考。我们一般认为是大脑在主动思考，其实不过是过去信息累积加上逻辑的结果。就像很多人说的"你看到的世界无非是你自己的认知的外在投射而已"，就是这个意思。"初生牛犊不怕虎"，是因为它没有意识到这个世界远远大于"它的认知"，所以才会没有畏惧。那么怎么训练"它（CPU）"的认知呢？其实也有一套正循环系统，我把它总结为三个关键点：建立坐标，"故意"练习，建立知识体系。

建立坐标的核心在于"它（CPU）"看一件事情要刻意地找到参考依据，比如事情本身属于表象还是真相、事情出现是偶然还是必然、事情的背后是否隐藏了某个真实逻辑、事情的发展趋势会怎么样等。这样，"它"才能被你训练，长期刻意地练习这些行为方式，大脑中便会有很多跟事实相关的内容，拥有看本质的能力，你再建立知识体系，底层认知便不会有偏差。

第三种：观照型思考。简单来说，就是走出去，拥抱世界，以自然规律、人性、人道为核心，审视自己的底层理念（过去信息累积所得）、使命，停止局限式的用脑方式，形成"无我状态"。有句话说：拆掉你思维的墙。即人们所说的一切我都会采纳，我有一套自己的评判标准，所有的信息在我这里不分好坏，只有是否有用，能否迭代认知，能否摘掉它的遮蔽性。

第三步：改善处理"自由能"方式。有意训练"动脑"的运作方式后，给它摄入新的认知思考方式，那么下一步便是建立新的"自由能最小原理"的处理方式。上面讲到的本能反应对于"自由能"形成的认知模型处理方式是"构建通用场景"，形成"差不多就得了""故意简化"的固有化思维认知。新的系统要求的是"可塑"与"弹性"，讲究开放化、全局观，这样遇到外部任何问题冲击的时候都能够灵活多变，可以最大化地消除所有障碍，具备更强的冲击力。也就是说遇到问题时，系统能更加稳固地处理。

那么原本对于"自由能"的处理方式就需要改变，从本能反应到"有意"练习，用现实中的话说叫："我原本是差不多就行的处理方式"，现在我要把它做全，做得更好。那么怎么设计新的"脑"思考系统，让它变得更强大呢？怎么让它从"固有化系统"变成"开放性持续迭代脑系统"呢？我认为分为以下四个步骤。

步骤一："有意"练习它，让它多接触一些新的、有难度的，在自己预期以外没有做过的"事情"进行挑战。

步骤二：在有难度的事情后面，多问几个为什么。找到认知坐标，对吸收的事物提炼经验，才能实现知行合一，好比读书一样，不要一味地贪多，要找本质。

步骤三：从新事物带来的认知中，提炼出对"脑"迭代更有用的认知，来改进（Action）系统的新演化。

步骤四：用改进（Action）后的系统的思考方式去接触外界，接触更多的问题。以新替代旧，不断循环。

/ 核心观点 /

大脑算法，简单来说就像一套PDCA形成的循环。首先刻意地练习"脑"，让它接触处理困难的事物；其次建立对事物的新认知坐标；再次改善对于"自由能"的处理方式，最后用迭代的习惯、方式刺激上述过程，达到"新旧转化"的效果。而这一切的步骤，也叫作"反馈机制"。

分形创新
突破认知瓶颈的方法论

你应该听过这个故事：从前有座山，山里有座庙，庙里有两个和尚，一个大和尚和一个小和尚，大和尚跟小和尚讲故事。大和尚说："从前有座山，山里有座庙，庙里有两个和尚，一个大和尚和一个小和尚，大和尚跟小和尚讲故事。大和尚说……"我第一次听哥哥给我讲时，一直蒙在鼓里，跑去问爷爷和尚到底说了什么故事，爷爷说你哥哥忽悠你的，这是个死循环，最后我才恍然大悟。现在看来，其实这个故事背后隐藏着巨大的思维模型：分形理论。达尔文在进化论中认为，一个物种变成一个新物种，不是一个物种突然转变。生存竞争的主角不是物种之间的竞争，而是同一物种个体之间的竞争，"变异+选择"才使新物种出现，其本质就是分形。

做互联网的人多半看过《张一鸣的APP工厂》这篇文章，有记者采访字节跳动内部人士，询问"头条系"到底有多少款APP。连他们内部人员都笑着说："不知道。"甚至工作很久的人都不清楚具体有多少。字节跳动就像一个孵化器，围绕着信息和用户，不断孵化，这背后就是典型的分形思维。

分形理论

分形理论是由美籍数学家曼德布罗特提出的。1967年，他在美国《科学》杂志上发表了《英国的海岸线有多长》的论文。他认为，海岸线作为曲线，特征极为不规则并且不光滑，我们不能从形状与结构上区分"这部分海岸"和"那部分海岸"有什么本质的不同。这种不规则和复杂性，说明海岸线在形貌上比较相似，也就是说局部的形态和整体的形态相似。

分形理论中的两个核心为"自相似"和"迭代生成"。从互联网角度俯视今日头条旗下的APP产品矩阵，你会发现当中的相似性很大，其运营策略也是相通的，比如"皮皮虾""内涵段子""火山小视频"等。这些都是信息化社区，都是基于旧生态头条这个庞大的池子捞种子用户，拆分独立，再运营。分形方法论本质上也是一种系统方法，研究分形的现象需要从整体视角找到切入的最小单元，也与近几十年处理复杂性事物的分形和自组织、混沌理论有密切的关联。

自组织形态的演变需要有一个载体承接，比如最为常见的"一群对打球感兴趣的人""一群对潮流文化感兴趣的人"，这些人就会因为某个"关键链接点"形成自组织文化。在整个自组织文化中，可能又会出现其他不同的兴趣点和共鸣点，然后这些点又可以进行演变，这就是分形。保留原来的不变，寻找新的方向，这一切其实拥有自相似性。

在分形的过程中，为什么说迭代就是遗传和变异呢？从成长的角度看，用外部变化和学习的知识作为反馈，然后用迭代的方式输入大脑，经过吸收，认知便会提升，通过多次的迭代，本质认知就会发生改变，延伸的下一代也会发生变化。你肯定听过这句话："小步快跑，敢于试错，快速迭代。"我们站在互联网企业的立场上去看品牌增长，不难发现，在分形组织演变后，下一步最重要的是迭代生成。迭代生成为什么这么重要呢？快速的迭代生成，最大的优点是可以及时地得到用户的反馈，这样就能从运营角度快速地调整产品方向，避免在无用的功能上浪费精力和时间，减少风险。

真正的迭代必须是把"每一个迭代周期的成果"交给用户，而且每次的成功都是完整可用的，而不是"单点化的"。如果一个迭代周期结束后，被内部否定，最终没有推向市场，那么就不是真正的迭代生成。所以，新的分形要基于旧的组织之上，找到要分形的"产品"和"品牌"两者之间的"共通点"，这是第二增长的突破口，也是在有限度的情况下以不变求万变。

分形中的"最小作用原理"

在公司组织经营的过程中，我们经常需要思考一个问题，即组织中能不能"自分形"。随着业务的扩张，当企业规模足够大的时候，如果组织不能够分形，可能会出现组织膨胀的情况，大企业的人才盘点、轮岗就是为了减少这种情况的发生。同比品牌也是如此，尤其是TOC类公司（TOC类公司是指产品直接辐射消费者的公司），当市场规模用户足够多的时候，不能找到围绕用户分形的杠杆，那么，久而久之用户就会流失。

最小作用原理是基于企业"第一曲线"不变的情况下，以现有用户需求为导向不断升级"供给侧"，夯实主航道。当然也会有很多企业是因为"第一曲线"下滑了，才开始分形找"第二曲线"，相对来说，这种风险的概率就会更大。

所以，如果能够切中"用户痛点"，且用户还在使用旧的产品，那么这时候就可以围绕新需求展开场景的"分形"，然后从企业大组织中拆分一个小组织快速的迭代，这样就能减少很多成本。最小化单元可以减少人力的投入，减少团队各环节流程性的东西，使其效能最大化，快速的迭代跑通MVP，推向市场。就像今日头条孵化抖音。在企业中，分形创新的最小作用原理体现为独立拆分和内部孵化两种形式。

独立拆分的特点便是"轻运营"，通常是小组作战模式，产品、运营、技术、市场等环节，几个人的小队伍就可以全部搞定。这也像每一个大企业都有一个创新部门一样，专门做"创新业务"。当一个创新业务跑几个月没有成果时便舍弃，然后再跑另一个业务，如果跑通后，可以拆分为子公司运作，单独融资。比如，韩都衣舍的"小阿米巴模式"，一个项目小组围绕一个创新业务，只有固定50～100万元的市场预算，烧完没有达到预期，直接放弃，这样主线业务也不会有什么损失。

内部孵化的模式多半是，当发现运营或者市场有一个新奇的点后，向领导反映，也顺利地通过，但是在执行的过程中发现一个人无法身兼数职，浪费了很多时间。比如一个产品经理，原来手头还有主线业务的产品在做，这个时候还要做创新的产品，那么他的思维就会分叉，同时不一定能做好，最后可能错过了市场的最佳投入期。当然这只是针对小企业来说的一种手段，如果有更高的前瞻视野，也可以从战略角度下手，让自孵化变为投资，这类玩家经常用户体量规模比较大。如果你认真研究美团，就会发现这是一个典型的案例。美团从团购角逐胜出后，主营业务是"团购+到店"，它为了夯实主线业务，做了很多创新。前期的电影票、外卖、旅游成功后，又做了很多大众生活消费的创新。

分形创新本质上玩的是一个边界游戏，分为"有限的游戏"和"无限的游戏"。有限，顾名思义就是在"内部玩"，内部玩的本质还是围绕存量，从存量中的小部分切开市场。无限的游戏则是"外部玩"，和规则玩，探索改变自己本身。对此，美团创始人王兴说："太多高管只会关注业务的边界、业务的规模，而不关注自己的核心是什么。"

只要"核心清晰",明确到底服务的是什么样的用户,就可以尝试开展各种各样的业务。归根结底,你会发现,不管是外部的投资,还是内部的分形创新,企业寻找增长曲线时都是在围绕用户去做创新。

"分形"的本质是"进化"

达尔文进化论认为,万物的发展是基于复杂序列当中的自然关系,从一小批有机体带着几个可以随机变异的基因不断地结合、繁衍、创造。这个过程就是人类演化论,人们基于简单规则的反馈,然后不断地去做变异、选择、隔离、然后进化,也就是说人与人的结合繁衍下一代,两个人DNA的结合引起基因的突变,基因的突变形成了一个孩子大脑的基础"认知配置"。

那么对于普通人来说,后天就没有机会了吗?当然不是。父母的学习状况、学历教育、后天的努力、生活条件等对下一代都有很大的影响,但最重要的是看你是否有成长性思维,因为人生的每一天其实都是分形。

如果自己的性格固定,那么自己的行为方式大致也就确定了,自己的人生其实也就非常相似,一天其实就是一年的缩影,具有自相似性。反过来说,自己希望一年有进步、一生有所收获，那么你就需要把当下每天的时间用好，自己每一天的生活工作学习状态，其实就是一年的分形。生活虽然多变，人生也比较复杂，但一切复杂的原理其实都源于简单，利用分形创新理论，自己只要做好每一天，就会有更好的一年。

有时候，底层学科也能反映出商业方面的行为。比如，高中的生物理论中有这样几个关键的字眼：碱基突变、化学因素、诱变外因、生物因素。碱基突变就好像公司派一批优秀的人员去学习优秀的理念，回来后渗透落实到各部门的岗位中，从而对结果或者某些环节进行改良。

一切组织的雏形都是由"几名初创者"决定的，在公司初创阶段，资源和生存空间都非常有限，一切东西可能都会被打乱。比如为了生存，可能选择"阶段性人才"；比如为了效率提升，管理者可能选择更多"执行的人"，而这一切都在不断地稀释"最初的理念"。当业务发展到足够规模化、生存稳定的时候，最应该加速迭代的就是公司文化。这一切的过程，就像是变异和进化。

/ 核心观点 /

分形=遗传+变异+市场选择。前提条件是把"第一曲线"夯实，然后围绕"第一曲线"当中的用户去切换"部分场景"，从而开拓新业务，然后达到"第二增长"的状态。

T型思维
好的学习是一专多能

　　我经常思考一个问题——应该具备什么样的能力，学习什么样的知识体系、什么样的专业，在未来的工作中才能不被淘汰？在生活中，我们看到越来越多的35～40岁的人面临职业瓶颈，在这个跨界的时代，这似乎来得要更早些。如今猎头公司在给许多大企业招聘员工时，越来越看重的不仅是行业经验和教育背景，还包括有前瞻性眼光以及他们自身方法论的内化和迁移创新的能力。若要具备以上这些能力，需要你不仅要看到垂直行业的深度，而且要有横向的宽度，也就是说，你需要有"T型思维"。

　　T型思维要求我们拥有核心的专业知识，同时还要有广博的见闻以及丰富的人生经历，懂得如何处理各种情况。T型思维者必定是一个头脑开放、好奇心强、博览群书、见多识广的人，这也就意味着成为T型思考者是一个循序渐进的过程，所以越早开始越好。这样的人或许不是一个非常擅长技术创新的人，但肯定是一个优秀灵活的领导型人才。

T 型思维

T型人才是根据知识结构划分的新型人才，字母"T"用来表示这类人的知识结构特征：横向代表广博的知识面，无论从学识还是经验来看，视野和格局都相对较广，可以根据自己的处境灵活安排事情；纵向代表对知识和行业认知的深度。T型人才最大的特点是"一专多能"，不管怎么折腾，都有一张保底的底牌支撑着。

如果我问你："你最擅长什么？"你会怎么回答？对于职场新人来说，大多数人很难在早期找到自己的准确定位和擅长做的事情，那么这个阶段就是我们不断了解自己和未来方向的最好时机。但很多年轻人在熟悉一个领域后，由于各种因素，比如不赚钱、太辛苦，会放弃垂直轨道深耕的机会，换个地方，然后继续再挖坑。五年后，回过头来看自己走的路，发现自己成了"万金油"，什么东西都知道，但什么也做不精，最终把自己的宝贵时间浪费了。

关于"你最擅长什么"的问题，T型思维的反馈是扎根，你需要扎根一个行业，在一个行业的某个岗位上做到精通。如果你想在一个行业做到专家级别，除了内在的经验，还需要敏锐地判断以及掌握事物基本底层逻辑的能力。只有当你看到自己所在领域的各个方面，掌握了潜在的逻辑，并且理解了岗位中的链接和因果关系，你才能为将来的纵向和横向以及交叉学科领域的深入学习奠定基础。否则，你可能只是在各职场岗位之间切换，学到的也只是"表皮层"。

所以，对于职场新人稳步前行最好的方法就是先扎根、打地基，然后做"宽度"。这就是所谓的垂直，即 T 型思维的那一"竖"，也就是说，只有当你深入到超过 90% 的人时，你才能成为某个领域的专家。举一个简单的例子，如果你是一名医生，想成为医疗领域的专家，你需要在早期掌握很多的综合性医学知识和纵向的专业知识。事实上，在一个领域的时间分配是一种正常的实践形式，60%～70% 的人是瞻前顾后的，因为这样深入、重复地在一个领域里面做一件事，意味着可能非常枯燥、无聊和固定。但是只有坚持不懈才能带来大部分人无法实现的价值。

在《异类：不一样的成功启示录》这本书中，作者提出了一万个小时法则：成为一个领域的专家至少需要一万个小时。如果每日工作 8 个小时的话，按每星期 5 天计算，成为某个领域的专门人才至少需要 5 年的时间。当然，这 5 年不仅需要努力，还需要找到事物背后的原理，然后进行有意识的练习。

从市场实践的角度来看，人与人的区别主要包括两大要素。要素一，成长思维。有成就的人总是认为昨天的光辉只属于昨天，不值得今天炫耀，所以他们不断挑战自己，挑战明天。要素二，坚持不懈和毅力。市面上不缺少一些非常努力的人，也不缺少一些瞬间达到某个峰值高度的人，但是你会发现，如果长期地想在某个领域扎根，就要有很强的输出能力。我们看到很多明星因为一首歌曲爆红，但是2～3年就过气，为什么会出现这种情况？除了市场因素外，就是自身的坚持不懈和毅力因素。很多人容易有了功劳就陷入扬扬自得中，最后迷失自己，被市场淘汰。也有人在瞬间爆红之后不断挑战，最后达到高峰，这就是本质的不同。

要具备"T型"思维

玩过网络游戏的朋友都有这样的经历：越往后，就越困难，关卡越多，同时，场景和操作步骤将变得越来越烦琐。

职场中，当你处在基层的时候，学习知识和技能会非常简单，例如，你只需要根据领导的要求整理表格、分析基础数据和做活动计划。然而，你会发现，职位越高，职位和工作类型的交集就越大，因为公司是一个巨大的组织，就像一个大的沙盘，而我们只是沙盘上的一颗棋子。正是因为我们处在一个沙盘组织中，团队是网络化和协作化的，信息和工作也是协作化的，所以会有交叉。似乎每个人都负责独立的业务或模块，但如果我们仅仅依靠单一的点和固定的线性思维来做事，那就注定是会失败的。人总希望会走得更高，你想和老板谈涨工资，那么你就必须要有更多的筹码，而这个筹码就是通过你转换到更高职位的能力来体现的。

随着国内经济的快速发展，城市之间的区域差异越来越小，教育水平的差异也越来越小，经过本科教育和专业培训的人很难在个人知识和技能上拉开很大的差距。这就是为什么很多大公司把固定工作变成SOP（Standard Operating Procedure，标准操作程序）的核心原因之一。因为许多工作是标准化的，一方面可以节省组织的成本，另一方面可以更好地进行管理。所以，未来如果你想脱颖而出，就必须提前建立有效的壁垒。这些壁垒最好是不可替代的。它在很大程度上取决于个人的思维模式，而不是单单的自己在公司做了很多事。负责很多事情，或者做很多业务，最多可以解决工作饱和的问题，但是从本质上看，不能解决自己未来的职业生涯可能会遇到的危机。

通常，大多数人认为，如果自己的专业能力足够优秀，就会带来更好的机会。然而，现实并非如此，只有在多个行业有工作经验的人才有更多的机会。为什么会这样？因为单一的工作经验会削弱他们在市场上的谈判能力，而有横向工作经验的人，工作经验丰富，看事情的角度也有不一样的地方，替代性不太强，更容易脱颖而出。T型思维横杠的本质是能有效地突破思维的局限性，在3～5年的工作中，从专业框架中找到潜在的逻辑，对各种新生事物保持开放的心态，敢于尝试可行性，不断学习，快速做出决策和反应。T型思维的横向结构能力和纵向结构能力没有主次之分，并且是互补的。

若想在专业上取得突破，你更需要的是通过其他领域或职位的知识去填补它。比如，如果你现在正在从事社区运营的工作，想从社区运营转向产品运营，学习产品运营的知识就可以解决。但如果你能把产品运作和社区运作结合起来，你会发现你不仅找到了底部之间的关系，而且提高了你的创新能力和个人壁垒。所谓的"岗位之间的创新"实际上是链接不同想法的结果。你能把两个人、三个人、四个人甚至更多人的观点加在一起，会从不同的想法中获得更多的联系，它能帮助你更有效地解决问题。无论是个人提升还是公司创新，角度越多，自身创新成功的概率就越高，所以，当个人想要跨界时，你会发现你必备的专业能力更重要。同时，知识基础越扎实，遇到一个具体的问题，才能从本质上解决问题。

我遇到过这样一位同事，他从事电子商务行业，后来横跨教育行业做运营，和他交流时，他认为跨界其实是一件很容易的事情。通过他的表述，我得知，如果想跨行去找更多的机会，那么，自身以前从事的工作的专业方法论就显得格外重要。企业用人可能首先会评估你所在的是不是这个行业，其次就是你对事情的底层逻辑的认知。"跨界打劫"的时代，你要了解，击败你的对手不一定是在行业内，这就是典型的"跨学科"学习的思维。所以，这也是为什么你需要在一个领域做深、在一个专业做深的核心原因。

重塑你的"知识结构"

几十年前，你每天出门可能都需要买份报纸，或者通过听广播，才能获取最新的消息，但在媒介融合的今天，睁开眼睛，打开手机，朋友圈、头条、信息搜索就到了你面前。这意味着时代的快速发展，过去人们获得的信息和知识是有边界的，但是现在，随时可以获得信息和学习新知识。我想学习英语，打开一个应用程序就可以学；我想健身，打开一个视频就会有攻略。

在工作层面，你会发觉知识对个体而言越来越有挑战性，你不仅要有十八种功夫，还要有一到三种核心技能用来谋生。

当信息发展太快时，知识的边界变得更加模糊，这意味着你需要随时随地准备跨学科的知识储备。因此，今天的T型思维要求你是一个动态和静态的斜杠，你的斜杠表现在"你的核心轨道上有方法论"和"你在其他轨道上有方法论储备"，你可以快速适应行业的发展变化。

市场要求你的适应速度、学习速度赶上新知识更新的速度。

这就是需要你快速规划自我知识体系，并且跨界学习其他领域的知识体系重要的原因。因为只有这样，当你到了35岁，回顾你从25～35岁的10年时间，除了你的工作经历，还会留下你自己的知识体系，它会在长期存在，也是别人认可你能力的最好证明。

如果你是一个普通人，唯一能让你脱颖而出的法则就是"趁早建立自己的知识体系"。T型思维要求你是斜杠，不仅仅是自己要身兼数职，还要样样精通，并且提炼知识形成体系，然后形成最强的壁垒，这是你的必经之路。当然，你也可以选择绕过不去学习，不走这条路，那么未来迎接你的可能就是年龄很大了，还没有形成自己的核心优势。

在猎头市场上，随便打开一份简历，可能上面写的都非常牛，比如在一家大型公司工作10年，有成型的过往经验、带过多少人的团队、做过多少项目……我通常跳到最后一页，看你有多少成就或成功案例。如果你有自己的知识体系，并把它作为文本或音频和视频输出，我认为它会给你更多的认可和机会。为什么？给你背书的往往是你自己的作品和成就。在T型思维中，光学习是不够的，你还得输出，最难的不是建立知识结构本身，而是长期地输出和坚持。

为什么要去做"输出"呢？输出是一种无形的曝光，你在某个领域长期扎根式的输出，会让你成为这方面的专家，使自己越来越有影响力和价值。

给你的 CPU 装更多 APP

前面我们说过，我们的大脑就像一个CPU或者手机的操作系统，它的底层模型基本分为两个方面：一是固定性思维，二是成长型思维。固定的思维是封闭的，学习速度比较慢，处理APP也比较慢，随着时间的不断推移，它可能会面临着淘汰；成长型思维是开放的，可以升级的，它不断地进行优化，使系统更加稳定，能承载更多的APP运行。那么，我们应该如何通过T型思维实现大脑升级呢？

第一，先放空再安装。假设这个CPU就是自己，那么我认为，在让它承载T型思维之前，自己需要做的就是先"放空"：把自己的后台清理一下，卸载那些无用的APP，丢掉那些无用的、碎片化的、不能形成体系的琐碎事物。然后进行优化，T的一横是你的知识广度，一竖是你的深度，在一个领域竖向很成熟了，这个时候，横向就可以发展了，横向的发展就是所谓安装更多有用的APP。

你也可以认为是给自己安装更多成为"体系的东西"，比如"经济学的体系""英语的体系""哲学的体系"。记住是体系化，而不是碎片化，因为碎片化的内容到最后占领的还是自己的"内存"。

这些体系多了，就会升华你的思考模型，从而达到认知迁跃的程度，一旦认知高度提升了，你就会发现，你开始思考本质的东西，给自己建立壁垒了。

第二，融合与追求本质。当你吸收的知识体系足够多的时候，慢慢地你就会开始融合了，就像上面所述的多人观点汇聚的创新力。就好比一个人做了十几年的运营，那么他不会和你讲表层的知识了，他会和你分享发展、趋势这些从本质层不断提炼的知识，而这些都是多学科融合作用的结果。再比如，一个大学学习心理学的毕业生，再学习逻辑学、美学等，当他掌握了各门学科的核心基础，再结合实际进行单点的突破，效果就会好很多。

融合的知识体系多了，会让你学会追求本质。在复杂的时代里，不做无根之木。站住自己的核心位置，谋求自己的核心优势，建立高壁垒，才是逆流而上重要的手段。

/ 核心观点 /

养成每天随时学习、随时输出的习惯，来打开边界和扩大影响力。你需要趁早建立自己的核心专业知识体系，同时拓展自己其他方面的知识。

复盘思维
让自己的努力更有价值

刚进入职场时，我总认为自己效率很高，但复盘后发现只是自我感觉良好；我总认为自己的时间管理非常严格，但复盘后发现每天的有效时间不到五个小时。很多时候，当你感觉自己很忙，但结果却不尽如人意时，就需要对自己的生活和工作进行复盘。现实中，每个人都有复盘的能力，但并不是所有人都开启了它。对于个人来说，掌握复盘的能力可以使自己清楚地认知个人目标和未完成目标的原因，并进行及时纠正。

复盘思维要求我们具备专业的工具和流程，但是更重要的是理解复盘的理念。复盘就是一种寻找错误的方法。当我们碰到问题感觉无法解决的时候，我们需要审视自身，有没有将内部因素和外部因素都考虑齐全，例如同事不配合、流程不合理等。因此，复盘思维要求我们进行自我改变，跳出当局者的层面，从更高的维度审视自己的过往，积极进行真实的自我觉察。要先学会审视自己，从自己出发去找问题，才能够更好地达到复盘的效果。

浅谈"复盘"

"复盘"一词是从围棋中衍生出来的，原义是指在对战者结束对战后，将对战过程放在棋盘上，分析哪些地方下得好，哪些地方下得不好，哪些地方可以有更多不同的走法。在这里，我将"复盘"定义为：把过去的事情拿出来进行思考练习，从而达到对过去进行总结、对未来进行提高的目的。因此，一个完整的复盘过程包括亲自经历、回顾过去、反省、研究和提高五个关键词。

有时候，我们可能会混淆复盘和小结，事实上，它们的本质是不同的。小结更倾向于记录事情中间遇到的问题和整个事情的最终结果，而复盘则更倾向于演绎，知道事情的优缺点和改进点是很重要的。

很多人认为复盘很简单，但事实并非如此，对事情的完美复盘包括深度、持续、高频三个主要因素。复盘的深度决定了自我更新换代的质量。浅尝辄止的行为，只是使自己流浮于表面，陷入低水平的循环，不能实现认知上的突破。比如，为什么领导总是比下属想得更全面？有些人可能会认为他有资历，想得更多。其实这些是人们习惯性的错误思考方式，事实上，当领导者处理事情时，思考的广度和深度取决于他们能够看到事情的本质，这比普通人思考问题本身就更前进了一步。

复盘频率决定了自我更新换代的速度。复盘不是总结，年初做计划、年底做总结的行为都不是复盘，这样的行为只能是自己欺骗自己。因此复盘的频率要高，而且要尽可能地按年、季、月划分，如果有必要，甚至每一周、每一天都要复盘，复盘频率越高，思维迭代就越快。当然，你不能总是复盘而不去执行。我看到许多年轻人在复盘后第二天仍然是该睡睡、该喝喝，然后月底又会因为结果的不满意而叹气，本质就是因为复盘后没有给自己量化出可以实施的进度执行表。

复盘的持续性决定了自我认知提高的速度。没有持续性的"复盘"，都是"间歇性自虐"。自我迭代的本质是一场马拉松赛跑，而不是跳高比赛。在一个时间点，虽然跳得很高，看起来很活泼但是毫无用处，人们更关注的是时间段，比耐心和持久力，比谁能坚持到最后。

每个人都需要"复盘"

在工作的这些年里，我遇到过很多不同的人。有不到30岁就月薪20万元的朋友，他们过着自己想要的生活，开着奔驰，可以在任何时候自由旅行。30多岁依然还在职场中层苦苦拼搏的朋友也不在少数，他们每天为了房贷、车贷、养育孩子而努力工作。

因此，我经常会想人与人之间的差别究竟在哪儿？我相信很多读者一定会认为是自律、把握红利、个人优势等因素成就了那些成功的人，但我认为这些都不是最终的核心答案，仔细观察，我认为成功的人都有一些潜在的特征，其中最重要的就是复盘的能力。

在一次联想部门前员工的聚会上，柳传志曾说过这么一段话："我对自己的智商评价是中等偏上，情商比较高，但是和其他人相比，我似乎没有太大的优势。那我的优势是什么？是勤于复盘。"复盘也是联想最推崇的方法论，用柳传志的话来说，就是停止工作一段时间，花点时间把所有的工作都整理一下，看清楚方向，想清楚这条路是不是正确的，非常重要。因为如果方向错了，再努力也没有意义。复盘的好处有很多，总结起来主要包括以下三个方面。

第一，复盘是最有效的自学方式。我认为生命中除了吃、喝、睡以外，没有什么是你天生就会的，都是通过后天学习得到的。创业也是一样，没有人天生就会当总裁、当CEO，都是后天学习和成长的结果。而复盘是总结经验教训，把握事物基础逻辑原理，让自己快速迭代最好的方法。

第二，复盘可以不断校正自己的选择路线。拉卡拉的董事长表示，行军打仗最担心的是错误的方向和路线，而个人成长和职业规划也是一样的，如果路线错了，它就会转弯，最终不仅不会到达目的地，反之还会遇到许多困难。复盘后，你可以按照目标的导向不断地检查路线，看看是否出现了偏差，并及时进行调整。

第三，复盘是集中化学习的有效方法。在公司里，当一个项目结束时，所有相关人员都会一起探讨目标的结果，不管是从KPI的角度还是从OKR的角度，这样我们就可以用指导性的思维来回顾项目中间的过程，分析得失，总结规律。

这是一个互相学习的过程，也是项目每个成员提高自身成长的机会。复盘总结的规则和经验，对于后入职的人来说碰到类似的事情的时候，就像是一个"菜谱"一样的行动指南，而这份指南也是对后期行动最佳知识方法论的继承——标准一旦形成，就能帮助后来者取得最大程度的进步。

建立科学的"复盘模型"

复盘是形式主义还是深度成长，这取决于两个重要的因素：一方面是自己的心态，开放的心态能让我们面对问题，坦率地表达，从而带来更深的认知；另一方面则是随意而为之、草草了事地应对。在实践中，我总结出深度复盘的五个核心要素。

第一，结果对照。在复盘时对自己设定的目标与实际达成的目标相对照，目标要量化，要清晰明确，否则当你复盘的时候，就没有比较结果的目标。比如我给自己定的写作目标是每个月20篇文章，这样我在复盘的时候，就知道差距在哪里了。

第二，全过程再现。回想一下，一个目标从开始到结束是什么样的？整个过程大致分为几个阶段，以及每个阶段都发生了什么？自己在整个过程中是如何去应对的？以写作为例，刚开始写作的时候，我有一个主题，但是不知道如何排版、如何制作框架、如何使内容更有阅读性，这些我都不会，然后，我就把这些问题按时间分割，进行每天的学习和复盘。

第三，得失分析。分析全过程中哪些地方做得好、哪些地方做得不好，并找到造成得失的具体原因。在写作全过程中：每写完一篇文章，我都会从读者的角度来分析布局结构、文章内容的可读性等要素，然后再请身边的朋友提出建议，在第二天写作时对不足的地方进行纠正。

第四，规律总结。复盘最重要的目的和输出的结果都是对规律的总结，这个对规律的总结包括两个方面。一方面是认知的提升，主要是针对思考问题和解决问题的方法有什么样的心得体会。假如能够总结出普遍使用的规律性的东西，就能实现个人认知的提升。另一方面是实践，假如历史重演，我们再次遇到相似的事情，就可以根据总结的规律，在相似的事情上做得更好，这就是我们说的"吃一堑长一智",甚至"吃一堑长'三'智"。

第五,制订计划。复盘最重要的一步是"执行"。深度复盘后,没有计划,等于白费。走的直不直,需要一条线,这就是"计划"。计划是围绕目标设定的,计划实施的最终结果是实现目标,只有按照计划稳步前进,结果才能是可预测和可控制的。

/ 核心观点 /

复盘是把经验转化为能力的一个过程。比如,你做了一些事情并取得了成功,通过反思和研究,你形成了自己系统的方法论,从而使自己的认知得到质的提升。同时,在复盘过程中要牢记五个核心要素:结果对照,全过程再现,得失分析,规律总结,制订计划。

不断优化思考系统
——认知复利

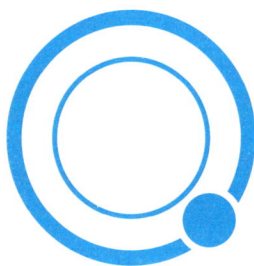

脑雾
避免反复思考

　　你是不是偶尔会遇到这样的情况：周末去玩，出门时把车钥匙放在裤兜里，开车门时突然会想把钥匙放哪里了，然后回家去找，最后发现在裤兜里；早上坐地铁上班，到要下车的站点，却忘记哪个出口离公司最近……请不要担心，这些情况，在认知心理学范围内称之为脑雾（Brain Frog）。这就像疾驰在高速路上的汽车被挂上空挡，怎么使劲踩刹车都没有任何反应。

　　对于成人来讲，脑雾是一种常见的现象，但这并不意味着它应该被忽视。脑雾在平时的生活和工作中表现为：记忆力差、头脑不清晰、无法集中注意力、思维速度变缓等。科学家们认为它可能是由于睡眠不良、压力太大、缺乏锻炼、脱水、慢性疾病、荷尔蒙失调等引起的，为此人们发明了很多治疗方法，可以改善脑雾现象。最基本的原则是改变不健康的生活方式加上科学的干预，扭转所有的心理和生理因素，这样可以成功地治疗脑雾，提高生活质量。

思维反刍带来脑雾

在日常生活中，我们大脑有效思考的时间，比实际需要的时间多很多，这种习惯会让大脑产生焦虑感，从而瞬间失控。比如，你在健身房锻炼时，大脑会思考明天要做什么；在排队买奶茶时，会思考一会儿去书店阅读哪本书；晚上休息时，大脑会思考明天的行程安排。在很多场景中，你认为大脑在有效思考，但其实它一直在絮絮叨叨。这种思考方式不但没为我们服务，反之在某个时刻会让大脑瞬间宕机和回旋，从而造成脑雾，让大脑三原力产生失调。

什么是三原力？有人认为，专注力、记忆力、思考理解力三者是脑神经系统健康运作下的基本能力，也称之为三原力。这三者共同推动我们的感知、觉察、推理、判断和决策。那么，是什么造成了大脑三原力失调的呢？答案是：思维反刍。解决问题的过程中又遇到问题，大脑会怎么办？答案是卡壳。著名心理学家梅尔曾经设计了一个"两绳实验"：在一个房间的天花板上吊着两根相隔很远的绳子，同时，房间里有一把椅子、一盒火柴和一把钳子，梅尔要求被试者把两根绳子系住。问题的解决方法是：把钳子作为重物系在一根绳子上，使绳子形成单摆运动，当两根绳子靠得很近时，抓住另外一根，从而把两根系起来。

结果发现，只有39%的被试者能在10分钟内解决这个问题，多数人认为钳子只有剪断铁丝之类的功能，并没有想到它能当作重物使用。多数人喜欢用路径思维来解决"整体问题"，以致最后陷入问题的怪圈中。和这个案例相似的场景很多，当大脑遇到问题解决不了时，往往大脑是在"错误的方向上卡壳"，怎么也想不到问题的解决方法。如何解决呢？把问题放一放，出去散散步，停止思考，等到脑路回旋，明天也许就会有答案了。但在现实生活中，多数人遇到解决不了的问题，不会真"放一放"，而是在脑中形成"焦虑感保存在脑中"。

昨天的那个问题还没解决，今天上午的事情还没办完，循环往复，手中的工作从未停止。如果你在做某件事的同时，还在思考别的问题，你的大脑可能就会运行瘫痪，这叫行动与脑不能同用，也就无法做到专注。大脑无法多进程处理两件复杂的问题，是因为两个任务会争夺同一批神经细胞网络。

由于某件事在脑中迟迟没有找到正确的解决方法，然后再处理别的问题的同时，脑中还有意识地思考上个问题的原因、经过，甚至用什么方式来权衡这件事的利弊。这就是形成单个问题的"思维反刍"，逐渐随着一个接一个问题的积累，大脑中的事情较多，就会出现频繁的"反刍"情况。人的思考方式又在不断地接受外界信息的强化，比如领导问你什么时候做完某件事、刷信息流标题时突然想到另一个问题还未解决，这种频繁增强回路的反刍行为，最后以至于脑细胞不够用，瞬间"宕机"，某个时刻突然"忘记我在思考什么"。

外界因素造成脑雾

在上述情况中，明显是思维层面造成了脑雾，当然也有外在免疫系统因素，我大致概括了几个方面。

第一，日常糖分摄入过多。《2020年中国居民膳食指南》中指出，成年人每日摄入糖量不应该超过50克。如果你每天大量摄入糖分和精制碳水化合物，人体的血糖就像过山车一样，先急剧上升，后迅速下降，使大脑无法承受。大脑若完全依靠葡萄糖供给能量，血糖水平升高，人便精力充沛、兴奋不已。若血糖耗尽，就容易引发"脑雾"情况的发生，甚至产生情绪波动，容易发怒、疲倦或者判断力下降。这也是为什么我们吃完大餐后感觉很累想睡觉的原因所在，克制糖分的摄入是值得注意的核心问题。

第二，低脂饮食。哈佛大学研究员达蒂斯·瑞安（Datis Harharian）在他的书《为什么我的大脑不工作了？》（*Why isn't my brain working*？）中提到，当饮食中脂肪摄入不足时，人体会消耗自身的脂肪。近几年市场流行轻饮食、减脂餐、低脂饮食等理念，同时也需要注意，大脑是脂质高度密集的器官，仅次于脂肪组织，大脑干比重的60%都是由磷脂组成，磷脂又被誉为"生命之砖"。如若因为健身、塑形等长期克制自己不吃肉、不吃脂肪，实则会对大脑造成伤害。

第三，人工甜味剂。人工甜味剂俗称"强甜味剂"，因为它们比糖甜很多倍，通常使用在软饮、混合饮料、烘焙食品、糖果布丁、乳制品当中。跟常规的糖相比，人工甜味剂只需要很小的量，就能达到非常强大的效果。比如我们所喝的可乐，科研人员发现，可乐中大量的糖分只能让人短暂地感到快乐，因为在摄入糖分时，人们短期内血糖就会升高，然后血清迅速增高，人就变得开心；当糖分耗尽，你的快乐就没有了，反之会有些焦虑和难过。

美国神经科学院曾做过一个实验，对26.4万名50～71岁的人进行饮食研究，记录其一年的饮食情况，包含饮用的可乐、咖啡、茶、果汁等。

10年后，这批人员得抑郁症的在30%以上。研究人员给小白鼠服用30天的阿斯巴甜（甜味剂）后发现其出现癫痫和脑瘤。所以，含甜味剂的碳酸饮料并不能真正解渴，多喝还会刺激大脑荷尔蒙增强，让人产生"脑雾"。

第四，维生素D和B12的缺失。很多人可能觉得，我们现代生活提高，每天明明饮食无忧，怎么还会缺乏营养呢？实际上，缺乏营养是指"缺乏人体必要的营养素，吃得不健康，而非吃不饱"。成年人中有40%以上的人存在维生素B12的缺乏，如果自身某段时间出现记忆力下降，可能就是"最近没吃肉"，维生素B12下降了。

第五，水分补充不足。医学研究表明，人体大脑有75%以上的水分，其余25%是脑的分量，总体算下来，脑占人体重的2%，但耗氧量却达全身耗氧量的25%。正常人每天要保证1000mL ~ 3000mL的摄水量，平均4 ~ 5瓶矿泉水。脑轻度缺水会影响正常思考能力，比如"反应慢"。

缺水2%就会影响脑的注意力、记忆力和判断能力，而持续出汗90分钟，会让大脑衰老一年。如果你日常不爱喝水可要注意了。爱健身的朋友，健身的同时不要忘记喝水，及时补充一两杯水，脑容量会迅速回归正常状态。

第六，熬夜，不注意睡眠。熬夜几乎是所有年轻人的标配，美国国立卫生研究院资助的研究组发现的证据表明，睡眠和"脑雾""阿尔茨海默病"两者的关系是依次渐进的，长期缺乏睡眠可能会使记忆丧失、疾病恶化等。研究发现，大脑中有一种叫作Tau的蛋白质，在健康的大脑中，活跃的神经体在工作时会释放一些Tau，在睡眠时会被清除掉。也就是说白天产生的垃圾晚上会被清理掉，但如若睡眠不足，Tau单体还会扩散。时间久了它们就会缠结到一起，这些缠结如果处在大脑记忆区、海马体上，久而久之神经元就会被破坏，记忆就会下降。

人平均睡眠要保持在7 ~ 9个小时，若低于7个小时，就要小心自己的精神状态、情绪、注意力了，研究人员认为，睡不好比喝酒更伤害身体。

第七，身边细菌居多。在生活中，我们无法避免那些看不见的"毒素"，它可能隐藏在食物里，也可能隐藏在自己住的屋子里面，比如沙发、枕套、被套上，以至于养的宠物、喷的香水中，处于上班状态的我们，一定要记得给卧室多通风、试想一下，我们多久没有给屋子大扫除了？这些物质的堆积，都会造成记忆力衰退，疲劳后出现"脑雾"。

第八，其他刺激。长期饮酒，大脑就会出现记忆减退，出现间歇性的"短路"。当然，各种噪音、电子设备等都会对我们的视觉、听觉造成伤害。人的精力有限，过度的外界刺激会消耗额外的注意力，这也是为什么人们渴望周六日找个安静的咖啡厅，或者到户外去散散心。

同时也不要一边刷电视剧一边吃饭，或者一边听有歌词的音乐一边工作，这样都会让大脑交叉式运转，容易分散注意力。

长期保持三原力的途径

脑雾背后折射的是"身体与大脑运作的不平衡"，从而产生大脑无序的状态，造成三原力被打破，以致陷入恶性的"无限循环"。除了平时的饮食及作息规律能让身体的免疫回归正常状态外，那么在工作中如何调解专注能力、记忆能力、思考能力三者的状态，来长期保持大脑的思维三原力呢？

第一，锻炼专注能力。大脑有两种神经组织：灰质和白质。

灰质用来处理脑中的信息，指引信息和感官刺激到神经细胞。白质主要由脂肪组织和神经纤维组成，为了让身体移动，信息需要经过大脑的灰质下达到脊髓，通过各种神经纤维达到肌肉层。

在白质的轴突中有一种叫作"髓磷脂的脂肪物包裹"，这个"髓磷脂"会随着练习而发生改变。虽然很多运动员和演奏者把他们的成功归结于肌肉记忆，其实肌肉本身是没有记忆的，实际上是髓磷脂造就了更快速有效的神经通道，帮助运动员和表演者表现出色。

锻炼专注能力，并非是简单的练习和长期的坚持，练习的质量和效率也很重要。在做一件事的时候，最小潜在的干扰源多数来源于电脑、电视、手机，如果你把这些来源切断，那么心就收回了一半。开始上手时要慢一些，协调是建立在重复稳定的基础上。比如阅读时，眼睛虽快，但大脑跟不上，这就不是"专注的表现"，也并没有做到有效的吸收。

锻炼专注能力的本质就像运动员练习跨栏姿势，是不断正向强化的过程，每周几十个小时，把训练分成若干次控制时间的练习。最后，反复重演式练习，以至于不断强化"其行为与大脑的身心合一"。

第二，放慢下来。脑雾带来的三原力破坏，本质是压力"在这里"，但是大脑想要"去那里"，或者"在现在"但大脑想要"在未来"的场景偏差所造成的。与其大部分的时间都听大脑的想法，不如有意识地专注到当下中去，然后放慢下来。

快即是多，慢即是少，这里慢的根本意义在于"能量储备"。能量储备才能决定"去那里，去未来"的路顺风顺水。日常生活中要百米冲刺还是全程马拉松，往往决定了"大脑的处理方式"。

在做事的过程中调配、控制自己的情绪、干劲与整体节奏显得颇为重要。

我们总说："时间是客观无情的。"人总想匆匆赶路怕慢给别人，可还有一句话叫作"时间也是我们的朋友"，每个人只是在自己的时区里赶路罢了。

我们一生中有解决不完的问题，锻炼专注，放慢脚步，让行动跟得上思维，唯心神宁定、厚积薄发，才是长期保持大脑三原力的根本之道。

/ 核心观点 /

在墨西哥有个有趣的寓言：一群人急匆匆地赶路，突然，一个人停了下来，旁边的人很奇怪他为什么不走了，停下的人说：走得太快，我突然忘记了为什么要出发，我要等等它（我刚才在干嘛？）。在日常生活中，我们经常会突然陷入脑雾状态，面对这种情况，可以通过改变大脑思维和外在因素去去避免。

能力陷阱
最可怕的认知误区

什么是能力陷阱？世界经济论坛全球议程理事会成员埃米尼亚·伊贝拉是这样解释的："人们很乐于去做那些我们擅长的事，于是就会一直去做，最终就使得我们会一直擅长那些事。做得越多，就越擅长，越擅长就越愿意去做。这样的一个循环，能让我们在这方面获得更多的经验，却忽视了培养其他同样重要的能力，从而走向失败。"

说得简单一点，就是只愿意做自己擅长的事情，对于自己不擅长的事情，却不愿意去尝试，长此以往，就渐渐丧失了其他能力。也就是说，当外界环境变化太快时，我们擅长的事情就会慢慢失去价值，不能再让我们赖以生存，那我们将无法获得最终的成功。

某方面特别强，并不是好事。有人认为，把某件事情做到极致难道不好吗？在传统时代这个目标是很被认可的，比如你会炸油条做早餐，最后开家餐馆就不用担心吃喝。但在互联网时代，许多事情并不需要做到极致。每个人都应该拥有多种专业技能。我们可以成为某个领域的专家，但是不要把自己置于能力陷阱之中。

关于能力陷阱

关于能力陷阱，比较简单的理解是，一个人只做自己擅长的事情，循环地去做。过去一个人只用一种技能就能享受一生，但现在一个人需要具备多种技能才能不被社会所淘汰。我们生活的时代瞬息万变，不同于以前，一个人需要多种技能才能紧跟时代步伐。假设你的职业规划是成为某一领域的专家，就个人而言，做一些技术性的工作，找到方法论，探索出规律，做起来就简单了。很多工作在2～3年内可以找到规则，做5～6年就能成为专家。但是你会发现你越是努力去一个地方，你就越可能偏离你想要的目标。为什么？因为我们都是习惯的奴隶，习惯了某种技能，会慢慢地沉浸其中，而不会再去学习其他技能。

比如，你的职业规划是想在3～5年内成为一名管理者，许多人认为只要一直刻意练习下去，3年后就可以成为管理者。我可以肯定地告诉你："不可以。"管理者要求的是综合能力，只做一个方面的工作会导致我们陷入单一的能力陷阱中，而没有多余的时间去提高别的能力。

两年前，有这样一则报道：一个36岁的收费员在高速公路上工作，负责收费，后来随着科技的发展，高速公路实行智能收费后他就失业了。他哭着告诉记者，自己什么都不会。其实大多数人都是这样，除了单一的技能，其他什么都不会。L先生是我的朋友，他做了五年的用户运营，最后丢掉了工作。他一直在从事用户运营方面的工作，早年在电商领域用户分析做得是比较优秀的，但是后来他也被公司辞掉了，原因是"工作太垂直，不用专人做"。

当今社会节奏快，资源有限，公司希望每个员工都能在自己的岗位上最大限度地创造价值，所以大多数人都会把全部精力投入到工作中。因此，在公司中，我们经常听到这样的话："只要做好你的工作就好了，不要担心其他任何事儿。"做好自己的工作没有问题，但做好你自己的本职工作和学习是无关的。时代在发展，个人也在发展，私下里，每个人都在学习和培养其他技能，公司招人也总是需要综合能力强的，如果不学习其他岗位技能，迟早会被其他有重叠技能的人所取代。为什么公司不招只做单个方面工作的人？主要有以下三个原因。

第一，工作了这么久，已经成了一个有经验的老人，工资需求很高。

第二，只会做某个方面的老人，会陷入自己的能力圈和岗位职责圈，属于阶段性人才，不能长期培养。

第三，不管你怎么换工作，都只是处在"用户运营"这一个方面的岗位上，对于公司来说需要平衡能力强的人，而不是太专注于一个方面的人。

我曾做过一个小调查，80%的人认为他们目前职位的能力不能把他们带到下一个需要的职位上。互联网上有一篇文章，对很多公司的员工进行了调查，问他们是否想要尝试改变，这样他们就可以尽可能地紧跟时代的步伐，跟得上下一个人生的阶段，解决下一个年龄节点要面临的问题。90%的人说他们想要尝试改变，但他们最终没有成功。为什么呢？他们的理由如下：受公司文化的影响，一个萝卜一个坑，阻碍了自己的改变；平时忙于工作，根本没有足够的时间学习；想要改变，但是发觉无从下手；很难坚持下去，一个月可能就放弃了。

虽然大多数人都知道不应该这样，但是没有办法，因为我们大部分时间都被琐碎的日常工作所占据，这是一个无情的事实，所以如何避免陷入能力陷阱，也是每个职场人都应该思考和注意的事情。

跳出能力陷阱

就个人而言，跳出能力陷阱最有效的方式就是跳出舒适区。这种跳出舒适区的做法并不意味着你应该制订一个合理的计划，每天不断地强迫自己成长，而是要学会以工作职责为核心，自觉地做工作范围以外的事情。拥抱变化，试图让自己挑战一些没有做过的事情。因此，跳出能力陷阱可以从以下四个方面入手。

第一，重新梳理自己的工作。我们应该尽可能把时间花在一些自己薄弱的事情上，并尽力取得进展。在正常工作中，大多数人会花很多时间做自己擅长的事情，这样他们就可以得到自我满足感和成就感，但实质上这是一种思维上的懒惰。这就像高尔夫球手花很多时间练习他们最熟悉的动作，而忽略了其他动作的练习。我们在一些擅长的领域投入的越多，我们在其他方面投入的就会越少。而其他的事情往往是改变甚至平衡综合能力的关键因素，因为大多数创新和突破实际上都是跨界的结果。例如，你现在正在做新媒体的工作，可以学习策划活动；你现在在做社群运营，可以学习用户运营；你现在在做内容运营，那么可以拓展自己的营销能力。

第二，提高自己的认知高度。认知高度和格局是每个人都有的，但是每个人的认知水平是不同的，如果想提升自己的思维，首先要做的就是提高自己的认知高度，认知达到一定的高度后，再做相关的能力培训，才是我们应该追求的方式。这里我介绍几种常见的可以提高认知水平的思维模式：站在自身岗位以外，看自己做的岗位是部门的哪个环节；以观察者的身份观察自身的情况，并学会从不同维度思考；观察自身和他人在整个运营过程中的联系，看看是否有所不同，别人都在负责什么；试着研究一些其他事物；与比自身优秀的人交流，问他们如何看待事物的不同之处。

第三，建立良好的人际网络。人际网络分为两个方面。第一个方面是在企业内部。许多人只是努力工作，成为别人的"桥梁和纽带"，而自己不是"桥梁和纽带"。链接决定价值，在工作中要尽可能地让自己成为桥梁，成为链接一切事物的连接者。连接了不同业务后，才能有更加广阔的视野去重新看待自己的位置。第二个方面是在企业外部。如果你想快速成长，圈子效应是必不可少的。在企业做单一的岗位，带来的晋升是非常有限的，想要更快地升级，最好的方式是与优秀的人一起同框。如果你有很强的能力，也可以成为连接垂直领域所有人的组织者；如果自己没有那么强大的能力，可以选择进入他人的圈子。圈子的目的是相互赋能，圈子里的每次分享都能逐渐扩大自己的影响力，在行业地位中形成个人品牌效应。

第四，多元化提升你的视野。多元化发展的目的是从思维层面升华，让自己的视野尽可能地开放，培养自己的兴趣爱好，阅读更多有关职业发展的书籍，这些都是帮助自己成长的关键。例如，理财管理可以使自己形成财务意识，医疗健康可以让我们判断是否需要购买保险，了解房地产的发展趋势可让自己明确何时适合投资房产，这些都很重要。

第五，不必想明白再去做。人们喜欢沉浸在幻想中而忽略了行动的乐趣。所有的事情都不是计划出来的，不必想明白了再去做，先做了之后慢慢就会想明白，要知道先想好再做和边做边想其实是两码事。在生活或工作中，总有一些人试图用思考悟出其中的道理，然后用道理去说服你这件事行或者不行，其实不必这样，因为中间浪费了很多时间，然后一次又一次地错过了机会。

想象力会让自己透支快乐，有了铺垫幻想突然被实现了，也就没什么意思了，可能身边的人也有同感。例如，我们看到一家手机公司发布了一款手机，尽管功能、外观、像素、UI 设计等非常酷，当钱存够了，买到之后似乎就没那么兴奋了。因为想象力越丰富就会越具体，提前预支了一部分感受。所以，有时候我们不必执着于自己的想象力。电影再好如果剧透得多了，再欣赏也就觉得无聊了。所以意想不到的喜悦，即使是小小的，也会很深刻，因为它是自己想象力以外的。想象力还会控制自己的举动：想得太多，可能很多事情就不愿意去做了。为什么？激情已经耗尽，误认为自己已经做了。

决定一个人努力程度的往往不是人自身，而是机制。只要你在跑步机上行走，当它开始运转的时候，你一定会跑起来。同一个人在不同的机制和环境中会呈现两种状态，好的机制便是好的环境，坏的机制会让你陷入懒惰的状态中。所以有些事情不要想清楚了再行动，要先让自己进入那条轨道，这便是一种成功。

/ 核心观点 /

避免自己坠入能力陷阱，首先要做的便是认知到自己是否在某一个职业或职位进入了无限循环的状态；其次便是尽可能把自己的时间安排好，不要把全部时间投入工作，抽出20%的时间让自己学习，培养自己的综合能力。同时，你不必等到一切都计划好了再行动，不要在思考上浪费太多的时间，超级执行力是对平庸生活的最佳回应。

逆向思考
直逼问题的本质

"横看成岭侧成峰，远近高低各不同，不识庐山真面目，只缘身在此山中。"苏轼这首经典古诗我认为最能阐述逆向思考。从正面、侧面、远处、近处、高处、低处看庐山都呈现出不同的样子。无论生活还是工作中，我们遇到一些复杂情况时，会容易被眼前障碍所蒙蔽，找不到解决问题的方法，甚至于"用自己"常用的思维去解决，但是往往得不到理想的答案。这时，如果能从当前环境中跳出来，从新的角度去思考解决问题的方法，也许就会柳暗花明。

著名投资家查理·芒格经常引用一句谚语："我只想知道将来我会死到什么地方，这样我就永远不会去那儿了。"事先知道结果，接着采取行动避免结果的发生，这就是一种典型的逆向思考。

虽然逆向思考的作用很大，但却并不容易做到。在现实生活中，人们早已习惯了正向思维，正向思维不但是我们早已习惯的思维方式，同时也是最快速、最便捷的思维方式，因此要想启用逆向思考，我们需要不断地训练。

什么是逆向思考

在解读逆向思考之前，我们有必要先了解一下什么是正向思考。正向思考是沿着我们习惯性的思考路径去思考，不但是我们早就习惯的思维方式，同时也是大脑处理问题最快速、最便捷第一调动的模式。因此，没有人会遇到每一个问题都会直接让大脑启用逆向思考的能力。

逆向思考也叫求异思维，是对司空见惯或者已经形成定论的事物或者某个观点进行反过来思考的一种思维方式。敢于反其道而思之，让思维向对立面的方向发展，从问题的相反面深入地进行探索，从而树立新的思维方式。比如在某个场景下，大家都朝着一个固定的思维方向去思考问题时，你却独自朝相反的方向去思索，这样的思考方式就叫逆向思考。

其实，对于某些问题，尤其是极为特殊的，从结论往回推，倒过来思考，或许会使问题更加简单化。比如司马光砸缸的故事，常规的思考模式是救人离开水，而司马光则果断地用石头把缸砸破，让水离开人，这就是典型的逆向思考的案例。逆向思考最直接的作用是可以帮助我们解决两类常见的原则性问题，即导向性问题和反促进问题。

导向性问题：每年过年的时候，我总是喜欢给自己定一个看起来很高大上的目标——每月读多少本书，可是一年到头会发现，买了很多书，却从未读过。难道是我没有时间吗？不是的，是我一直在找读书的方法，却一直没有找到。有 天我在刷视频的时候，看到有人问罗振宇："你是怎么读书的？你怎么看过后都记得住呢？"罗振宇说："很简单呀，因为这都是我找来的，我从来都不读书，我只查书，查到的东西都是我要找的东西，自然就能记住。"那一刻我才恍然大悟，原来买过的很多书，都是被别人种草的行为所吸引。拔草本质都是不喜欢的，而我们对于自己在意的事情往往会学得很快。逆向思考可以帮助我们解决此类导向性问题，在处理此类问题之前，我们可以先思考一下问题的导向，这样不但可以节约时间成本，而且可以找到自己做的规划是否合理。

反促进问题：当我每天睁开蒙胧的睡眼，拿起手机，打开朋友圈时，看到那些已经结束晨跑，开始了一天新生活的人，就会产生一种由衷的羡慕之情。为什么他们可以做到早起而我却做不到呢？于是我开始寻求各种早起的办法，然而我的意志力总是一次次地被打败，败给了"回笼觉"，输给了"拖延症"。后来，我反过来思考，如果我每天早点睡，是不是就可以早起了呢？用早睡的方式倒逼早起，同时早起又可以促进早睡。通过调整作息时间，我发现早起好像并不是一件困难的事情。

所以，当我们面对一件事情一筹莫展时，试着让自己的思维转个弯，换个角度去想问题，或许会有一片更广阔的视野呈现。

在解决问题的时候，由于我们都是主动方，被解决的问题是被动方，因此，我们往往只考虑自己的控制力如何影响对方，却很少考虑到对方本身的控制力和自我控制力所造成的影响和后果。即将对象变为主动方，思考如何通过直接影响对方来迎合我们的固有行为，而不是单纯地考虑自己去迎合对方。

反向思考可以理解为参考系的不同，也可以说成是换位思考，但本质上都是将所有因素视为可控变量，而不仅仅将自己可以直接控制的因素作为仅有的变量。

事前假设失败是典型的逆向思考策略，这个策略被广泛地运用到创业、投资决策、销售过程和项目计划中。事前假设失败法又叫"事前验尸"法，这个策略适用于针对"行动方案做出初步规划之后和采取行动之前"。事前假设失败法分为三个步骤：假设行动方案失效，让每个人做出假设所提议的行动方案已经实施但却不幸失败的原因清单；分析每个行动失败的原因，整理大家所写的有关行动方案失败原因的清单；调整行动方案，分析完失败原因后回到所提议的行动方案本身，评估一下对这些潜在的隐患是否做足了完善工作。

我在做电商时，公司曾经让我所在的小组做了一场关于"老用户带新"的活动，活动时间为3天，整个目标为实现10万新用户的增长。我们整个小组把活动方案策划好之后，从本质上来说，流程、细节、奖赏机制、开始时间、截止时间、中间助力等都做得很到位，为了确保活动的顺利进行，在开始之前，我们做了一次事前假设失败的反向思考。

我们假设活动没有达到预期的效果，问题会出现在哪些地方。经过假设，我们发现了整个方案中存在的一些BUG。比如，活动开始前的预热，如果只通过APP的站内PUSH、短信的PUSH，用户感知度不高怎么办？通过假设验证，为了牢靠我们又将预热时间提前。从原本的提前1天预热增加到3天，从原本的站内PUSH、短信PUSH，增加到了社群海报PUSH、每个社群KOL预热等，这样就能增加互动率和更多的曝光度。最后，活动是成功的，如果没有那一次事前假设失败的思考，我相信那场活动不一定能够达到预期的效果。假设失败促使我们整个小组直接从目标的结果逆推每一个活动步骤，然后再以用户的角度思考，考虑曝光的覆盖面。

事前假设失败的逆向思维方式，有助于帮助自己在做决策时降低危险成本，同时也能使问题得到提前控制。

逆向思考改变人生

逆向思考特别适合那些总感觉时间不够用和做事情拖沓的人，只要向自己提出这样一个问题："如果我的时间少了一半，事情能不能做好，或者提前做好？"

这时大脑就会将我们带入更深层次的思考，带领我们逐步意识到什么是真正的优先级，进而改进工作方式，提高工作效率。

在没有开始写作之前，我是一个极其懒惰的人，我的周末时间一般会睡懒觉、看肥皂剧。后来我意识到了自己这个问题，作为年轻人，不能浪费时间，要做些有价值的事情，才能真正地改变自己。在刚开始写文章的时候，我总是打开word之后不知道怎么开始，有时候想到一个好的观点，刚开始写一段就不想写了，总想着"下午再说吧""晚点再说吧"，然后就开始玩手机了。

一篇文章到最后写完拖到了晚上11点，甚至凌晨，我为之头痛不已。后来我想到了一个策略：时间减半。制订这个策略后，我就下意识地把自己的时间分为上午、下午两个"小天"，每个"小天"都要按时完成"全天内"那些重要或者优先级高的任务。同时，我把日更写作这个KPI调整到了上午，中午12点是截止时间，好比是凌晨的12点，如果没有完成就不吃饭，或者心里会下意识地觉得深夜12点还不能睡觉，坚持几天之后，我发现时间减半这个策略让我的效率提高了很多。

后来，我在给自己的团队布置任务以后通常会问同事一个问题："什么时候可以完成？"他们会给我一个习惯性的回复，比如：明天或者后天的几点。然后，我一般都会要求他们明天上午或者后天上午完成。结果发现，每个人都能在要求的时间内完成，并且能做得很好。

这是为什么呢？在工作中，每个人都有一种下意识，这种下意识叫作"能拖就拖"。而作为领导，要尽可能地去要求"趁早完成"，是因为事情在劲头上，或者同事接收到某个指令后，就像我们打游戏一样，会有新鲜感，而新鲜感往往会给我们带来动力。

试想一下，开完会或者刚头脑风暴结束后去执行某个任务的时候，我们的大脑中是不是有很多的创意或素材，只需要行动起来即可。落实到文字写作上，就会很快完成。如果拖着的话，头脑中的素材会被其他的事情打断，会慢慢地减少，而当自己去整理的时候发现需要去思考和回忆。而思考和回忆又是非常烧脑的事情，慢慢地就没有了动力，甚至于敷衍了事。这就是为什么我经常会在工作的最后期限上，要求下属提前半天完成工作。

这种逆向思考的思维方式，运用的最佳群体就是有拖延症的人，给他们要做的事情加一个最后期限，并在最后期限上面要求提前半天，乃至于几个小时完成，这样就能够合理地改善时间管理。

当然，这种模型也可以用到企业中。在这个瞬息万变的时代，当大家都在依靠变化进行创业的时候，都在担心自己的商业模式会被新技术或者新模式所取代的时候，亚马逊的创始人贝佐斯（Jeff Bezos）却提出了这样的一个问题："未来十年，什么是不变的？"运用逆向思考法，他找到了三件非常普通但不会改变的事情——无限选择、最低价格、快速配送。

在找到了这三件不变的事情后，贝佐斯就将亚马逊绝大部分资源都投入在这三件事情上，也的确获得了成功。而事实上，这种逆向思考的模式可被广泛运用到我们的生活与工作之中。

在我的社群中，有一个做美妆市场策划的女性朋友，工作了五年后，她发现从一个公司换到另一个公司工资虽然涨了一点儿，但是做的还是同样的工作。一年前，我们聊天，她说有一个冲动：想把自己做成一个大的IP。那么，以后再找合作，或者是广告投放的时候，自己就会自带流量，成了一个小的"市场部组织"，就不会再担心没有工作了。当时我以为她只是在开玩笑，也没有怎么留意她，没想到，我在写这篇文章之前，打开她的微博发现，经过一年的时间她自己已经成了时尚美妆界的KOL。

现在，她成立了自己的公司，找她合作拍VLOG、做内容投放的很多。前几个月看到她的朋友圈，她还参加了"亲爱的客栈"节目的录制。从担心自己失业，到在垂直领域打造自己的核心竞争力，她找到了万物不变的底层逻辑，就是"先让自己强大起来"。当自己强大起来以后，还会担心工作吗？

当大家都在说五年之内可能就会失业的时候，我们应该去思考到底哪些东西是不变的，哪些行业、职位有着非常深的"护城河"，又有哪些东西是我们可以真正依赖的。

/ 核心观点 /

在运用反向思考模型时，要善于了解和收集更多的信息，然后针对这些信息，从结构、方向、顺序、功能、状态、方法、原理上先正向梳理，然后再反问思考，你就会发现开启了另一个世界，这样坚持下去，自己的思考速度会越来越快，大脑也会习惯逆向思维。

闭环思维
让每次付出都有价值

大多数时候，我们判断一个人是否可靠，主要通过这个人完成工作的程度和对工作有无及时的反馈，更深层次的理解就是看这个人是否有闭环思维。最简单的闭环思维实际上可以理解为一个确认和反馈的过程，即凡事有交代，件件有着落，事事有回音。

闭环思维是一种有始有终的思维，它是一份生活的智慧。我们每个人都有很多坏习惯，比如拖延症导致的熬夜。由于有拖延症，导致无法按时完成任务，最后不得不熬夜，第二天精神萎靡，工作效率下降，于是不得不继续熬夜。这就是一个恶性闭环。要想改变这个闭环，我们需要找到一个突破点，对上一个阶段的效果进行总结，把控改进方向。工作效率就是一个突破点，我们可以提升工作效率，原本需要2个小时完成的任务，火力全开用1个小时做完，那么晚上就不需要再熬夜了。有了充足的睡眠，第二天精力充沛，就可以保证工作效率，于是就形成了一个正向的闭环。

什么是闭环思维

闭环思维实际上又被称为反馈控制系统，它将系统输出的测量值与预期和定值进行比较，由此造成一个偏差信号，然后运用偏差去做调整，使输出值尽可能接近期望值。这是由美国质量管理专家休哈特博士提出的"PDCA循环"演变而来的。PDCA循环将管理分为计划（Plan）、执行（Do）、检查（Check）、行动（Act）四个阶段，这四个阶段不是独立存在的，而是一个周而复始的循环。这也是我们在企业中经常听到的"商业闭环""闭环管理"等概念。

我们这里提到的闭环思维，是指在一定的基础上，对于他人发起的活动或者工作，无论我们完成的程度如何，都要在要求的时间内认真地反馈给发起人，并且每个活动或者工作都要贯穿这个思维。体现在个人方面就是要对自己所做的事情进行闭环规划。下面是我读到过的一个利用闭环思维提升个人价值的例子。

在短视频和网络直播流行的2020年，L先生和M先生两个人开始在各大短视频APP上输出大量的短视频内容，他们都想通过展示自己的才华来吸引用户的关注，并打造自身的品牌。刚开始时，L先生每天疯狂地输出内容，在一个月内赢得了10万+用户的关注，但是没有任何的"闭环"——用户只是为了看视频而关注他。M先生在刚开始时并没有疯狂地输出内容，而是搭建了一个可以循环的PDCA流程——在短视频中，他会提醒已经关注视频号的用户，可以通过添加官方联系的方式得到一套护肤指南，如果对产品感兴趣，还可以进行付费购买。

从表面上看，M先生像是一个销售商品的主播，但是不能忽略他的闭环思维——从内容输出、用户关注、微信建立关系到付费交易，这个流程可称之为私域流量的运营闭环——不仅不担心用户流失，而且还能给自己带来销售额。L先生则是没有任何闭环规划，除了短期得到用户关注外，不能进行任何PDCA循环——视频内容都是碎片化的，没有任何可以持续的东西，这就很容易导致客户的流失，最后就会影响整个直播效果。可见，闭环思维可以让我们的能力在无意识中得到连续的螺旋上升。

但很多时候我们会陷入"负向闭环"的循环中。很多人认为巴尔扎克是"累死的"，而不是被别人杀害的。因为巴尔扎克每天工作长达16个小时——晚上8点睡觉，凌晨1点或2点就起床开始工作，然后持续到下一个深夜。同时，巴尔扎克每天只吃一点儿食物，但要喝七八杯浓咖啡。在他56岁去世时，一生喝了超过5万杯浓度过高的咖啡，所以大多数人认为他死于慢性咖啡因中毒。我们看巴尔扎克的一生，在思维层面上没有任何问题——追求价值、奉献价值，但是却给自己配置了一个负向闭环。

在生活中，我们也经常会陷入负向闭环中：我需要休息一下，旅行能够让我放松，但如果我想旅行，我必须要有钱，但要想让自己有钱就必须努力工作，而短期想赚快钱就必须加班，结果把自己累倒了，最后陷入了不可逃脱的恶性循环中。这个场景是不是很符合我们现在多数的年轻人？这就是典型的越忙越累就越不愿意学习和规划自己的时间，只会埋头苦干，使自己进入负向闭环。

所谓的负向闭环是指，越忙越累，自己用的知识和工具便会越落后，需要处理的事情会越来越多，然后效率也会逐渐下降，在负向闭环思维循环下低效成长。在生活中，很多人都会选择这种涸泽而渔的方式，在错误的路上消耗大量的能量，结果是越走越慢。闭环思维的行为系统对成长来说尤为重要，而影响我们行为系统的主要因素是思考方式。所以，只有找到一套积极的闭环思维，我们才能拥有有良好的自我循环行为。

闭环思维的正向性

每个人都有自己的短板，意志力也往往会因为外界的变化而减弱或消失，如果你想让未来更轻松些，把自己放进一个良性的思维闭环中就显得格外重要。就像在《原则》这本书中，作者所说的：好的习惯可以让自己实现"较高层级的自我"的愿望，而坏的习惯则是由"较低层级的自我"控制的，阻碍前者的实现。所以，我们要不断地优化自己的行为系统，使其抵抗消极状态的能力越来越强，从而使自己形成积极的正向反馈。最终，它就像滚雪球一样，帮助我们不断实现自我价值。

很多时候，我们离职后为了迅速找到工作，会把之前的简历稍微调整后，就开始在各大招聘网站进行广撒网式的投递。结果过了一段时间后我们发现，联系自己的HR或者猎头非常少。这是哪里出了问题呢？多数人还在想是不是因为行业不景气，其实本质上是简历的问题。

在网络时代，尤其是求职时你的简历就是门面，不说需要做得多好，但至少它应该是很完善的，要突出你的核心能力和成就。如果自己都草草地对待简历，你认为猎头和HR看完后的第一印象是什么？可能是"哎，这个人能力欠缺或者没有自己的优势"，便把你的简历丢在了角落里。如果你花一天的时间认认真真地去修改简历，然后再投递，相信结果就会有所不同了。其实，投简历这件事的核心逻辑是思维闭环的导向性问题，导向错误就会严重影响结果的发展。

可见，闭环质量的好坏与方向的偏差，严重影响着最后的结果，同时会时刻提醒我们每个选择的方向是否正确。正向的思维闭环可以使自己走得越来越轻松，负向的思维闭环则会是无效的努力，而且离目标会越来越远。在生活中，优秀的人总是变得更优秀，平凡的人愈来愈平庸，就是因为聪明的人都在锻炼自己的正向思维闭环。

　　每个人每天基本都会用到电脑办公，很多人会因为忘记及时保存文件而懊恼，在遇到突发意外断电的时候，付出许久的心血就全部付之一炬了。丢失文件的经历在工作中形成了这样的一种条件反射，即工作—保存—工作—保存—工作—保存。这样，在脑中就形成了一个正向闭环，工作效果在这次闭环实践中得到了保障和提高。再比如，我经常遇到的由拖延写作导致的熬夜更新文章：拖延症—无法完成任务—必须熬夜—第二天精神不佳—拖延症—继续熬夜。这种恶性循环是因为我某个时间缺乏正向的闭环能力，改变的核心是：建立检查点，对上个阶段的好坏进行总结，把控改进的方向，及时调整。后来在我意识到这一点之后，从睡觉这个地方开始，便逼迫自己不再熬夜，我发现这样持续了几天后基本就不会有拖延写作的情况发生了。

　　调查发现，初期训练自己的正向闭环时可以从行为模式开始，也就是说，养成好的习惯很重要，但最好是基于兴趣养成的习惯。兴趣是一种无形的力量，它会带来愉快的体验和让人探索的欲望，会对人们的认知活动产生积极的影响，但兴趣也有真伪，有些事情你可能只是短期感兴趣，而不想长期投入。

　　澳大利亚的一位心理学家曾经做过一个关于长期健身形成正向思维闭环的实验。参与实验的人由长期健身的人和不经常健身的人组成。他把参与实验的人带到一个房间，让他们盯着电脑屏幕上移动的方块，同时还要忍受另一个房间正在播放的综艺节目的声音。如果分神就无法完全盯住移动的方块，成绩就会降低。一段时间后，这位心理学家发现，那些坚持健身的人成绩越来越高，而那些不坚持锻炼的人最终的成绩没有太大的波动。

换句话说，坚持锻炼的人比不经常锻炼的人更能集中注意力和延迟满足。许多研究都发现，经常健身的人在其他方面也有很好的表现。这是一个良好的习惯带来的正向闭环：锻炼—专注和延迟满足—更有活力—锻炼。所以，如果你想建立一个可持续的积极循环，就需要养成良好的行为习惯，然后让大脑和身体自动适应这种行为模式，而不仅仅是靠意志力来解决行为问题。

健身靠意志，写作靠强迫。这是大部分人靠意志力维系自己正向闭环的初期方法。但需要清楚地知道，每个人的意志力本身就是稀缺的，而且常常是无效的，因为坚持不了几天，意志力就会消失，最终导致无法形成正向循环。比如，我现在让你去学习写作，但你不感兴趣，只用意志力去投入，半个月之后你还是会坚持不下去，为什么呢？因为你打心底里就不喜欢写作。

在工作中，感兴趣也是非常重要的。人们只有对工作感兴趣才能完全投入，才能做得更好。但绝大多数的人要么对自己的工作完全不感兴趣，要么就是自己的兴趣跟工作完全没有关系。对于这种情况，我认为最简单的方法就是找到一个能够包含自己兴趣的工作，当然这种概率是很小的。这时就要学会转移自己的思考方式，首先是解决导向问题，其次是尽可能地去尝试思考，我能不能在把自己工作完成的同时去打通自己的兴趣。

总之，要学会把兴趣作为事业的底层逻辑中的一部分，这样自己就会有积极的驱动力，让自己的能力得到提高，从而得到更好的兑换价值。

/ 核心观点 /

> 拥有闭环思维的人，都会随着时间和环境的变化，使自己越来越强，因为人的行为系统和思维是相互关联的。如果我们想改变行为，就应该从本质上改变思维和习惯。

定向思维
时间里的经验陷阱

　　如果想要完成某件事或达到某个目标，那么用定向思维最好不过，它可以让你非常有定向地锁定未来的那个结果，然后去付出努力。定向思维的典型特征是：任何不同的问题都有规律可寻，不需要自己去想其他办法，或者遇到的任何问题都有一个框框在。我们在生活中经常会听到"你就按照那个做就可以"，这就是典型的定向思维。因为有现成的参照物，定向思维在某些情况下可以减少自己对事物的思考成本。但在处理事物时，定向思维唯一的缺点是不能够让自己的思维发散，减少了很多定向以外的可能性。

　　定向思维是一种进步、包容的思维，而不是呆板的思维。然而在实际运用过程中，定向思维也可能出现消极的一面。很多案例表明，当一个问题出现变化时，思维定势会使人们墨守成规，不愿意做出改变，从而步入误区。而且定向思维一旦被固化，失去了调整自身的灵活性，就非常容易被别人利用。所以在运用定向思维的过程中，我们应当注意不要落入陷阱之中。

关于定向思维

定向思维形成是心理上的定向趋势，在某些条件下，一定的心理活动所产生的状态会对未来的感知、记忆、情感、行动、心理活动起到正向或者反向的推动作用。比如，A姑娘认为，初次见介绍的对象，与人一起吃饭时就要AA制，不能花男生的钱。而B姑娘则认为，找对象，吃饭时男生就是要买单。这就是心理定向趋势。由于信息的干扰、社会的教育以及经历的事件对自己的心理造成了某些倾向性等种种因素产生的结果，让一个人形成当下的行动"定向"。

有了前期的"影响"或者"大量的思考"，后期"大脑就会出现懒惰的状态"，定向思考就会形成"自动挡"，就好像惯性一样，重复的次数多了，很自然地会朝着那个方向前进。它的坏处是会使我们的认知成本降低，不愿意思考。比如有些人，经过很多年还是在普通岗摸爬滚打，其本质就是被定向思维困住了。同在一个屋檐下工作，两个人都在做运营，貌似没有什么不同，为什么随着时间的迁移，最后的结果却有着明显的差异。那是因为没有被提升为管理者的那个人脑中多了一些定向思维，而这种思维明显地形成了固化。

定向思维会让我们按照"你以为"的那个定式垂直地去走，如果没有遇到问题，你会一直这样做，但环境往往是不断变化的，如果不接受变化，定向最后就会演变成固执。在某些场景下，定向思维属于消极的表现，也是束缚创造性思维的枷锁。

当然，定向思维也有积极的一面。比如，我们在学习、写作、阅读的过程中找到了某种学习方法，这个方法一旦被用得多了，就会越来越有效果。这就像是本能，可以给自身解决问题减少时间成本，让我们可以快速地找到能依据的路径。这种本能的行为表现，对解决问题也有帮助：比如你遇到事情要处理，定向思维就可以让你快速联想到曾经解决过的类似的问题，然后大脑会迅速建立两者之间的关系，并利用经验将困难的问题转化为简单易处理的问题，从而使问题得到解决。这样我们就不用每次遇到困难问题的时候，都要当成一个完全陌生的问题，从头去思考。

如果我们抓住定向思维积极的一面，可以助力自己快速地成长。定向思维依赖的是路径，它的核心是遇到问题的时候能对症下药。目标对定向思维起到很大的作用。无论是工作，还是写作、阅读、考试，我认为所有事物的背后都是有方法论的，而定向思维就起到了非常好的作用。如果能结合曾经的方法论去创新，将会让我们事半功倍。使用定向思维去提炼某个事物的方法论，大概的思路如下：发现问题，定向目标，寻找路径，提炼框架，抓住核心，总结模型。

以演讲为例，周末你有一场面对200人的30分钟的演讲，但是现在你只有演讲内容，而对整个流程不清楚，你可能会想应该如何达到满意的效果。而我第一步就会找问题"我要演讲，没有流程"，这也就是目标，然后围绕这个目标去搜索有什么解决方案，比如网上有没有相关的演讲流程，这就是路径。当我找到别人的路径后，提炼框架，将自己的核心内容按照这个框架搭进去，就能总结出自己的演讲模型。

这就是定向思维给我带来的方法论，它可以让我找到一条主线，然后围绕主线，用固定的依赖方式，顺利地完成自己想要达到的目标。定向思维是一个很好的"仆人"，但如果利用不好，就会成为累赘。

打破定向的枷锁

在现实中，很多人总是不知不觉地被别人掌控，他们在自己不喜欢的环境中做着自己不愿意做的事情，因为定向思维一旦被固化，就非常容易被别人利用。就像我们经常听到的一句话："我摸透了他的脾气，随便他折腾去吧，反正结果在我的掌控之中。"这就是在无形中被控制。

进入职场后，每个人都会面临绩效考核，有的公司绩效是为了克扣员工的薪水，让你根本得不到，这种公司相对来说不那么定向；有的公司则是利用绩效来不定期地给员工卖梦想，让人接受控制，因为企业了解你的定向思维路径，然后就会在路径上不停地做文章，牵着你的思维往前走。

除了工作以外，其他生活场景中也会遇到定向的期望。比如，父母希望孩子学习好，希望每年考试都能获得优异的成绩；老婆希望自己的丈夫能够赚很多的钱；老师希望自己培养的学生更有成就等。这种定向期望的背后，隐藏的可能是"不满意"，也可能是"蓄意而为之"，这些都需要自己去辨别。从心理学角度上说，一切过度的定向期望，在潜意识方面都可能包含了相反的内容或者作用。

所以，如果你不想成为定向思维的"奴隶"，最简单的方式首先是要明确方向，其次找到正确的人去请教。假设你想做短视频，现在去问一个有30万粉丝的"UP博主"，他告诉你的肯定是自己的成功经验、踩过的"坑"以及你该如何避雷、少走弯路。种种的场景，如果你问其他的人就会得到不同的答案。

思维是成长的，我们不能被别人控制，更不能自我固化，但是很多人很早就给自己下了定义。比如：这件事情不应该是领导做的吗？这件事情和我有什么关系？我就是这个样子怎么啦。

我们每个人的这种定向思维不是在短时间内形成的，而是从基础的教育、家庭的因素，以及遇到问题时各种解决方法等过程中长期积累形成的。有些人深受标准答案的"浸润"，对和自己想法不同的观点既不看也不听，更不去了解，即便偶尔在网上浏览，也会觉得个人观点受到了"冒犯"，嘴上可能还会嘟囔别人有问题。如果你一直持有这样的态度，那么你肯定摆脱不了定向思维，只会让你陷入路径的依赖中，只相信自己大脑中的"我以为"。

在现实中，我们每个人都不要让自己过早地定性，要尽可能让自己多一些批判性，打开大脑中的"绿灯"思维，这样才能接纳外界的事物。比如你平时可以多问一些"为什么"，遇到问题从单一的解决路径转换为从多维度去思考其所以然。有些人可能对这些点点滴滴的思考不屑一顾，但是时间久了，这会锻炼你大脑的独立思考能力，让你学会从不同角度看待问题。

"定"代表着"确定和固定"，"向"代表着"方向"，一旦方向确定，思维方式也要随着目标而变化。我们要时刻清醒地记住，环境是变化的，定向的东西只能在某个场景中使用。既然之前沉淀的东西被作为定向，那么它只在某个阶段或者范围内是正确的。但随着时代的变化，有些经验、方法论等已经不再适用了，只是我们的经验还是会不自觉地把它套用起来，这也是很多人总是把"我有几年的经验"挂在嘴边的原因。

我举一个简单的例子：你把五只苍蝇和蜜蜂分别放在一个没有盖盖子的瓶子中，然后把瓶底朝着窗户，瓶口朝向没有光的地方。过一段时间你会发现，蜜蜂会被困在瓶子中出不去，而苍蝇则会瞬间找到出口飞走。蜜蜂虽然勤奋，但是老一代给它们留下的思维就是"你要朝着有光的方向飞"。苍蝇虽然讨厌，但它们懂得变通，不受定向思维的控制。

如果用原来的路径只能解决表层问题，而无法解决核心问题，那么这个时候就要避免掉入局限性中，要让思维发散，从而开拓更多的解决方案。好比我们个人，思考方式是无限的，当自己遇到困境时，只不过是被某种思考方式捆绑了，而不是问题的本身有多难，如果想要突破，就要想别人不敢想、做别人不敢做，这样才有战胜困难的可能。千万不要像蜜蜂一样困顿在瓶子中，我们要尽可能地跳出定向思维。

同时，在工作层面不能一味地按照旧的方法论去做事。过去的方法论行不通，对于某些人来说就会有挫败的感觉，感觉自己遇到了瓶颈，无路可走。实际上退出定向思维，就可能会柳暗花明，这就是为什么有的实习生就能解决棘手问题。因为实习生没有做过，只能摸索，去开辟新的赛道。要敢于独辟蹊径，走出大部分人的思维禁区，才能拥有更多可能性。

/ 核心观点 /

> 多数的失败源于"定向思维"，人们习惯于按照原有的路径去行动，因为原有的习惯经历过失败、吸取过教训，最后形成了方法论。殊不知，环境在变化，我们要分清楚什么样的事情有经验可寻，什么样的事情不能按照经验论去做决策。

从众思维
别依赖大众行为做决策

在生活中，我们随处可以见到"随大流"的现象。比如在超市或商场有东西打折促销时，无论需不需要，大叔阿姨们都会跟着别人买一些，因为觉得便宜或在某方面占了便宜。又或者去别人家里玩，看到朋友都用什么品牌的东西，可能自己家并不需要也会去购置一些，证明自己有，这就是典型的从众思维。

在生活与工作中，大多数人都有从众心理。当你与大众站在同一阵营时，可能是为了某种虚荣心，也可能是为了某种安全感。但这种虚荣心和安全感恰恰是最为要命的，因为它会麻痹你的思维，让你不能有效地做出正确的判断，最终会带来物质上或者精神上的损失，慢慢地你就会成为一个不愿意多思考的人。

从众并不可怕，可怕的是盲目从众，失去了独立思考的能力。法国社会心理学家古斯塔夫·勒庞曾经写过一本《乌合之众》，对从众思维进行过细致入微的观察和思考，他从人性的角度，分析了人在群体内的思维运作模式，非常值得一读。

关于从众思维

从众思维用大白话来说就是"随大流"，就是不由自主地与多数人保持一致的心理现象。心理学上将从众定义为个人受到外界人群行为的影响后，自己在知觉、判断、认知上表现出符合公众舆论或者多数人的行为方式。

从众心理是如何产生的？心理学家通过研究发现，在一个大群体中，如果大部分人都这样，而自己和他们有着不同的行为，那么就会感觉到自己"不合群"。如果自己不屈服，则会成为群体中"独立的个体"，这样其他人就会投来异样的目光，而这种目光会让自己感觉非常不适，会有一定的压力，这种压力会迫使自己屈服，和群体中的大部分人保持一致，最终形成从众心理。一个最简单的现象就是大家投票都选A候选人，我想选B候选人的时候，我就会想："如果我是异类，他们就会攻击我，另眼看待我。"于是我就会选择从众。

场景不同，从众的类别也会不同。我第一次和几个朋友去西餐厅吃牛排时，其中一个朋友说我要"八分熟"的时候，我心想，电视里不是常说"牛排要吃七分熟吗"？这个时候，其他的朋友也说要"八分熟"，于是，我只好说了一句："那我就和他们一样吧。"从隐含性的需求中可以看出，我是想吃七分熟的牛排，那么我为什么会选择从众呢？因为我以前从来没有吃过牛排，只是在电视中看到过这种场景。既然其他朋友都说吃"八分熟"，那我就认定他们肯定是吃过的，而且自己也会产生怀疑，质疑七分熟是不是不好吃。我的这种从众行为是接受别人验证过的某些东西，相对来说比较低级，这种现象在心理学上叫作"依从"。很多连锁的理发店、美容中心早晨喜欢让所有的员工一起在外面喊口号、做早操，尽管从外部看来，非常的统一、有秩序，但是从内部角度来看，并不是所有人都愿意这么做。有的人甚至会认为做这种事情比较丢脸，但是没有办法，为了切身利益考虑，他们还是这么做了。这种行为也是一种"从众"，但与选牛排的区别在于，行为虽然一致，但后者是为了"保全自己的利益"，而这种利益不仅仅是金钱，也可能是面子等，有点被强迫的意味。

当然，并不是所有的从众都是坏事，有时候从众可以让我们在众多人群中看到事物本质以及独立个体的反应。在现实生活中，一个人无论有多聪明，都不可能很好地去适应生活中遇到的每一种未知情况。从众能够更好地适应社会，这就是它的好处。

通过上面的介绍，我们可以看出影响个体从众的行为有以下特点：群体凝聚力越大，对个体吸引力越强，从众行为越容易发生；群体成员一致性越高，从众行为越容易发生；个体自我评价越低，从众行为就越容易发生；个人依赖性越高，从众行为越容易发生；情景越模糊，从众行为越容易发生。

从众思维形成的三大因素

从心理学角度看，产生从众思维的核心因素有信息因素、环境因素和群体效应。

第一，信息因素。举一个简单的例子：一个人走在大街上，如果突然迎面的人边跑边喊着"老虎来了"，这个时候，你要不要和他们一起跑呢？如果你跑，实际上并没有老虎的话，会觉得很愚蠢；如果不跑，真有老虎追来，是不是自己这个决策会更蠢。

信息产生的影响是巨大的，经验使我们认为，多数人所决定的事情正确的概率是比较高的。当所有的情景处于一种十分紧急的情况下时，许多人是无法判断事实真相的，而认知到真相最快的渠道就是信息的来源，通过别人（多人）当下反馈的信息快速决策。在生活中有很多这样的情况，当我们不知道如何做一个有效而正确的选择时，通常会观察其他人的行为，并将其看成重要的信息来源，以此来指导我们做出合适的行为，这被称之为信息性社会影响。情况越是在模棱两可的时候，就越是缺乏参照构架，人们就越愿意相信多数人的决策选择，这也是信息要素对个人从众行为产生的影响。

第二，环境因素。从本质上讲，人是一种社会性的高级动物，我们每个人都希望能得到别人的喜欢和接纳，但是也必须遵守社会的相关规范，比如不同场景下的行为、价值观和信念，这便是环境因素对于从众带来的影响。

工作场景中最常见的是员工跳槽的行为。当一个人从某个公司跳槽到另一家公司，他首先需要解决的问题就是接受这个公司的经营理念、使命、愿景、价值观，甚至于团队的氛围，而这一切就是"环境因素"所带来的认知偏差。当违反团体的价值观或者信念的时候，别人就会投来异样的目光，受到别人的嘲笑、惩罚，甚至排斥。如果想要继续保持自己在团体中的身份，或者获得团队的认可，就需要学会"从众"。这种从众，从最开始内心呈现为抗拒状态，到慢慢适应，到接纳，到参与，是一个完整的周期。

第三，群体效应。群体效应是"从众"最简单直接的影响方式。影响群体效应的因素有八个方面：群体的规模、群体的一致性、群体的凝聚力、个体在群体中的地位、个人知识的经验、个性化体征、性别的差异、文化的差异。

在一定的范围内，人们的从众性会随着群体规模的不断扩大及凝聚力的不断增高，对群体的依附心理就会越强烈。当然个人的知识经验、受到的教育、文化的差异等因素也会产生很大的作用。例如，我们看到过这样的观点："2019年，自媒体还值不值得做？"从2017到现在，这种类型的观点每年都有，但是每年还是有人坚持，也有人放弃，这是为什么呢？由于群体规模和认知的差异，有的人继续做下去，是发现了垂直深耕带来的红利；

有的人没有坚持下去，是因为"大群体"在传播不值得做，他并没有思考何为"有效"，"大群体"认为没必要投入，就从众了，这就是"群体"对大众认知的深刻影响。

如何避免陷入"从众思维"

在信息化时代，商家都在以用户最上瘾、最容易接受的方式做营销，影响着消费者。我们很难摆脱大众舆论和心理的引导。无论在工作还是生活中，当长时间陷入"从众思维"，自己便不会有效地深入思考问题，凡事就会养成别人怎么看、怎么说自己就怎么做的习惯。当然，太过于"个性"也不是一件好事，它会让我们脱离团队、迷失自我，陷入自以为是的状态。解决这个问题最好的方式就是凡事多问自己"为什么"，从而有效地进行思考。下面分享几个我避免从众思维的一些心得。

第一，学会认清自己。解决从众问题之前，我们需要考虑的是"认清自己"，找到人生每个阶段想要的是什么。认清自己是每个人都要完成的人生任务，"认清"就好比是"觉醒"的过程，认清的本质是看清自己的优势、劣势，找到人生所向的目标。自我认知的形成，是我们做出很多重要人生选择的基础，同时也正是在不同的尝试和选择的过程中，人们才逐渐地认识自己，获得自我认同。自我认同的形成，并不是一种简单的"经验累积"，而是一种"整合"。在我们每个人结交了不同的朋友，尝试了各种类型的事情之后，内心会更加清楚自己在交友、职业规划、寻求人生意义的时候，背负哪些价值观和信念，哪些是可以定义自己的，哪些是非常重要的。

我们每个人心中都有三个自我：实际自我，理想自我，应该实现的自我。现状，心理状态、身体状态是实际自我；我们希望拥有的特质，对自己抱有的愿景是理想自我；我们认为自己必须拥有的、处在底线的、不可失去的特质是应该实现的自我。

当我们意识到实际自我和理想自我之间有差距的时候，就会奋力地去追求"应该实现的自我"。

第二，保持独立思考。要打破从众思维，最核心的一个关键节点就是独立思考。独立思考不是让自己每天反思，而是面对各种各样的问题，除了寻求别人的帮助外，更要认真地结合自身的情况，有效地思考是不是自己真正所需。要做到独立思考，一要不轻易被别人的言行所左右，唯有不盲目跟风，不人云亦云，自己的创新思维能力才能得到充分的释放和发挥；二要尽可能了解事实的真相，确立评判事物的客观标准。遇事找方法，敢于怀疑、敢于实践，多思考，通过论点论证解决问题，而不是通过道听途说。

第三，多看、多听，再做决策。自己不了解的事物往往会阻碍一个人的学识、阅历等。因此，当大潮涌进的时候，不要忙着去"捞鱼"，不要在不熟悉的领域因为懂得一点点皮毛就大放厥词，不要对自己不了解的事情随意地评论，若真需要发表看法或者采取行动，那就潜下心来仔细了解和研究。想要在一定程度上去摆脱盲目从众这种困境，需要做到多听、多看、再决策。当自己能够客观地去看待一件事物，有强大的知识为依靠、独立的人格去思考时，就能够在很大程度上摆脱从众的意识了。

/ 核心观点 /

> 从众是一种惰性行为，因为从众风险低、压力小，所以大部分人都会选择从众。从众思维没有对错，保持独立思考的能力，才能够掌握自己的生活和工作，做出自己的判断和选择，成为人生的主人。

让人生价值最大化
——成长复利

马蝇效应

给自己一个竞争对手

1860年，经过一系列激烈的竞争，美国总统大选落下了帷幕，林肯当选为总统，成为这场大选的最后赢家。人们纷纷猜测，接下来林肯将会选择哪些人担任官职，尤其是财政部长一职。最后，林肯总统任命参议员萨蒙·蔡斯为财政部长。答案揭晓了，众人大跌眼镜，很多人强烈反对，因为蔡斯为人狂妄自大，他本想入主白宫，却输给了林肯，这样的人怎么能担任财政部长呢？

面对朋友的质疑，林肯没有急于解释，而是讲了一个故事："有一次，我和我的兄弟在肯塔基老家的一个农场犁地，我赶马，他扶犁。那匹马很懒，但是有一次我发现它跑得特别快，我甚至都快要赶不上它了，最后我才发现，原来有一只很大的马蝇叮在它身上，正是这家伙才使马跑得快嘛。现在有一只叫'总统欲'的马蝇正叮着蔡斯先生，促使他跑个不停，我为什么要打断他呢？"

这就是马蝇效应。从科学的角度看，马蝇效应和达尔文的进化论在某些方面有相似之处。自然界遵循"物竞天择，适者生存"的法则，而竞争则让人始终保持危机意识，正是在竞争的推动下，世界才会不断发展。

个人需要马蝇

马奔跑的速度从慢到快是由于马蝇的叮咬，我们个人的发展由弱变强也需要叮咬。这些叮咬的来源，一是社会环境的压力，二是团队组织内部的压力，三是竞争对手和同伴的努力。对个人而言，如果想要达到某个目标，就要学会给自己阶段性地施压，并且找到一个核心竞争对手，这样才会有"比学赶帮超"的精神。大量实验证明，在阶段性的施压或者利益诱惑下，人的成长空间是巨大的。你看到别人不停地奋斗就会莫名地感到焦虑，就会保持旺盛的势头加速前进。

很多人年轻时没有好好奋斗，把该享受的安逸、快乐全部消耗完了，在35岁以后不得不面临生活的压力，身边的同龄人都升职加薪，自己却还在原地踏步。我有一个前辈，基本没有任何生活压力，在工作中从来不争不抢，工作了8年，始终没有升职。后来他跳槽到另一家互联网创业公司，之后听说那家公司为了控制成本，第一个开除了他。原因很简单，他在业务上没有明显的突破和改变，对公司没有什么价值。之所以出现这种情况，就是因为他没有任何生活和工作的压力。没有外在的压力，就不会有内在的动力，没有一个可以追逐的目标，就只会面临被淘汰的结局。

很多人完成自己的工作任务后，宁愿休息都不愿意学习和帮助别人，凡事从来不主动，其实这非常危险。即使薪资是固定的，但学习到的东西永远是自己的，决定薪资能否增长的要素不在于工作年限，而在于对业务的理解深度和掌握程度。这是一个70%靠能力、20%靠人脉、10%靠运气的时代，三者缺一不可。如果你有很好的人脉，但能力不够，去一个新的企业别人也不敢用你；如果你能力很强，但没有人脉和运气，也不可能涨工资。打铁还需自身硬，把专业能力做足才是生存之本。

所以，年轻时要不断地给自己施压，除了工作以外，还要不断学习，才能达到某个高度。适当的压力可以让自己快速成长，但是也要注意不要给自己太大的压力，否则容易变得焦虑，让自己失去信心。

团队需要马蝇

马蝇效应说明，环境会影响个体的行为，合理地制造冲突是非常重要的。而做管理，就是要挖掘员工的核心诉求，寻找正向的激发条件，最大化地激发员工的潜能。世界上没有懒惰的员工，只有不懂激发的领导者。在我原来的公司中，有小张和小杰两个实习生，两个人实力不相上下，但小张的工作动力比较差，有时会比较敷衍。我为了刺激小张，就经常在他面前夸小杰，还会把一些原本属于小杰的工作交给他来做。时间一长，小张的工作态度发生了很大变化，每次都仔细检查两遍才交给我。由于他态度转变、工作能力提升，也提前转正了。所以，外界刺激很有效。

一个企业或者团队如果长时间风平浪静、一片和谐，实际上孕育着的是一潭死水，会使员工失去激情和战斗力。因此，管理者通常会关注员工的情绪状态，通过改变环境来激发员工的斗志和潜能，比如扩大工作内容、树立标杆、举办内部竞赛或者让两个人做相同的工作来PK。改变环境到什么程度，需要管理者根据团队和各人目标做好衡量，否则就会造成负面效应，比如强迫加班导致员工身体虚弱而影响工作，就是舍本逐末了。同时要有相应的奖罚机制，重在参与感和结果。惩罚不一定要罚款，可以安排打扫卫生、给大家唱歌，这些都是激励团队最有效的方式。

不过，每个人的需求不同，并非对所有人都能采取相同的激励方式。比如一家创业公司，年龄偏大的人入职，索取的可能是机会，博弈的是未来3～5年，所以这类人更希望与公司绑定，在薪资上面可能就涉及股份激励；对于拥有2～3年工作经验的年轻人来说，可能是不想成为大厂的螺丝钉，在小公司各环节都可以参与到，能提高自身的整体能力；而有的人看重的是薪资待遇……大企业也一样，在同一个公司工作5～8年的人，寻求的是稳定、既得利益或者心理上的满足感。

所以，针对不同的人，要对症下药。第一，主观角度较为通用的鼓励方式，即员工在工作中做得好就点名表扬，这样能让他获得荣誉感，但起不到核心激励作用。第二，如果有些员工工作表现很平庸，但并不畏惧更高的目标，那么可以交给他们有难度的任务，等他们完成后提出表扬，以便他们为自己赢得更多尊重。另外，还有找员工谈心，做思想工作；给员工找一个标杆示范；对于好胜自负、进取心强的人，在分配任务时用简单有效、能刺激他的话来引导，比如："这个任务对你来说有那么难吗？"

化压力为动力

企业与企业有竞争，才会出现巨头；个人与个人有竞争，才能显出能力高低。如果公司没有竞争对手，就不知道该往哪个方向发展；如果个人没有竞争对手，绝对不会干劲十足。从社会主体角度而言，竞争能激发人的潜力，发挥人的主观能动性；从资源角度来看，竞争比合作能更有效地促进资源配置。

我的朋友小陈是学工商管理的，爱好是做设计。一次偶然的机会，领导给他安排了一个项目：5天内负责设计出平安夜网站。这个设计要求做一些交互，而小陈和其他同事都不太了解。碰巧领导出差了，但给小陈推荐了一个网站设计师做外援，结果那个设计师也在出差。这时，小陈面临两个选择：一是放弃，让领导另外找人负责；二是迎难而上。他选择了后者。通过同事介绍，小陈认识了在其他公司做交互网站的朋友，晚上下班后去对方公司边学习边执行，每天做到深夜11点。小陈把做好的网站发给领导，领导问："这是你找外援做的吗？"小陈回答："外援也在出差，我就找身边的朋友指导，一步步完成的。"对此领导非常满意，夸他年轻有为。许多人遇到问题都会害怕自己做不好，但适当的压力反而能让我们挖掘自己的潜力，静下心去专注地做一件事。如果你不给自己施加压力，对自己的要求越少，得到的就越少，最后会发现自己的价值越来越小了。

我本来不擅长写作，也很少做深刻的反思与工作复盘，自认为工作做好就行，可我发现身边的人一直在进步，不断地发生着变化。我有一个学播音主持专业的校友，毕业时还很腼腆，不爱说话。一次偶然的机会，我在一个行业大会上见到他，第一眼居然没认出来——他皮肤保养得非常好，身材也锻炼得很好，而在学校时他至少有150斤。当时他主持得非常平稳，几年不见，就有了质的飞跃。回到家中，我从他的微博上看到他参加了好几档综艺节目，还出版了自己的新书。他的成功让我重新审视自己，对未来有了明确的规划和追求。如果不刺激自己一下，只会选择那条最舒服的路。人就是这样，迫使自己强大的都是身边那些鲜活的案例，这些外界的刺激，迫使你不得不去成长。对手是我们的压力，同时也是一种动力，对手给我们的压力越大，我们被激发的动力就越强。

需要注意的是，外在不断增压，如果内在得不到合理的调整，就会让自己陷入负循环，压力一大，就会精神崩溃，所以如果想提高工作动力，就要适当地转化压力。换个角度思考，领导交给你任务，说明他相信你的能力，想给你锻炼的机会，要充分地抓住，主动承担责任，因为经验都是在磨炼中获得的。承担工作需要找到合适的方法，最好的方法是给自己设定榜样与目标，最好的榜样就是你的领导，学习他在工作中的做事态度、考虑问题的角度、逻辑性等。当你从这个高度去审视的时候，也就得到了成长。除了这些，还要有明确的计划，没有计划的奋斗就没有意义。只有这样你才会有清晰的动力，当你朝着一个目标努力时，职业发展也会越来越好。

/ 核心观点 /

> 没有对手的生活，会让我们慢慢变得懈怠。不要对对手感到愤怒，也不要觉得他们碍眼，坦然地面对他们、接纳他们，才能让自己取得进步。

内驱能力
找到内在成长的动力

内驱力是一种非常重要的能力，我们无论做什么事情，要想长久地坚持下去，最终都离不开内驱力的推动。那么什么是内驱力呢？内驱力就是我们发自内心地想要去做一件事，为此我们会调动起一切时间、精力和资源，这种为了达到结果而努力的能力，就是内驱力。与之对应的是外驱力，外驱力是我们为了得到某样东西而不得不付出的努力。

相比之下，内驱力是我们心甘情愿去努力，而外驱力则是我们被迫去努力。例如，《西游记》中的唐僧之所以去西天取经，主要是因为他想拯救苍生，他是心甘情愿的，即使遇到危险也不会退缩，这就是内驱力。很多成年人为了赚钱，享受更好的生活，为此不得不努力工作，在遇到困难的时候就很容易打退堂鼓，他们并不是心甘情愿去努力的，这就是外驱力。

曾子曰：吾日三省吾身。反思是一面镜子，可以把我们的错误清楚地照射出来，使我们有改正的机会。通过内驱能力，进行日常思考，会让一个人在工作中快速进步。反之，没有内驱力，就不可能拥有高效的执行力。

是什么影响了我们的内驱力

对于某件事物，缺乏自我驱动的核心原因是"它不是我的刚需"。李笑来老师在《什么决定你的自我驱动力》一文中的总结一针见血：没有驱动力去让自身获得向往的技能，往往是因为这种技能没有形成生活、学习或是工作的刚需，可有可无。

何为刚需？用一句话总结就是"你现在觉得很重要的事情"。网络上对"刚需"的解释是指在商品供求关系中受价格影响较小的需求，比如大米、盐等基本生活必需品。而对于个人来说"刚需"就是不做就不舒服，不做就会感觉缺了点什么。如果不是刚需，虽然你脑子里有了一个新的想法，你不会急于收集资料赶紧去做。甚至于三分钟热度之后，发现太难了，就主动地给自己找退路，选择放弃。

在现实生活中，我们总能遇到这种状况：听到别人说哪本书好的时候会毫不犹豫地在网上订购，买回家后却不怎么看，仅仅是刚买的时候翻阅几页，之后可能被更有趣的事情打乱，或是别的新书又吸引了自己而放弃掉，心中还会默念着借口：等有大把的时间了再来好好读一下它。我也总是想等到有大把时间了再去看书、再去写作，可是等有了时间后，就开始迷恋上电影、肥皂剧或者短视频。

是什么剥夺了我们的驱动力？罗振宇老师将其总结为：没有

目标、没有行动、没有方法论。还有人认为，某些职业习惯会造成我们驱动力的下降。比如你进入工作状态后，是井然有序地安排着手头的工作，还是考虑到哪儿就做到哪儿？当你处理事情的时候，是把所有的工作都放在一起，还是做完一项再做一项？你是计划好你的日常事务，还是把工作分成"重要"和"不重要"？在解决问题时是深思熟虑，还是快刀斩乱麻？这些职业习惯都会对自己的驱动力产生影响。

多数人并没有意识到他们的职业习惯来自谁，一般来说，大致有五种方式会影响你：你的父母、童年经历、家庭状况、你的老板和企业文化。如果你的父母条理清晰，具备良好的职业素养，你一般也会延续这个优点。你刚工作时或长期合作的领导的职业习惯也会影响你。这种职业习惯被潜意识地映射到你的大脑中，无论是好的还是坏的，都影响着你和周围的人。如果我们想改变自己的内在驱动力，一般有两种方式：第一种是利用外在驱动力帮助我们，第二种是设定目标并给予及时的反馈。

内驱力是成长的根本

内驱力好比"小马达"能够自发运作，外部驱动力是受外部压迫或者某件事物牵引的力量。内驱力和外驱力是事物的内因和外因，内因是事物发展的基础，外因是事物发展的条件，事物发展是内因与外因相结合的结果。如果一个人的内在动力不足，那么他的外在驱动力也不会太强。

举个简单的例子。你肯定知道坚持一个月不吃辣椒和油腻的食物，脸上的痘痘会消失，但是某一天如果没有做到，前期的付出就可能会前功尽弃。我想你会愿意坚持到最后一天，这就是驱动的力量。通过"大脑幻想的结果"，自己脑补吃到"丰硕的果实"，然后来倒逼自己通过"外驱"强迫自己，制订可行的计划，直到坚持事情有自己想要的答案为止。

我曾经和一个大学毕业后回到老家发展的男同学 L 聊天，他感叹自己从毕业后回到家工作就没有挪过地方，在小地方的发展也比较有限。我说，虽然你被分派到老家工作，但是能再出来学习深造。朋友说当时选择了考研，但那时深深地喜欢一个女孩，为她写了几年的日记，在毕业前表白被拒绝了，让他有一种很大的挫折感，后来考研失利后就没有情绪再考试了。我的另一个朋友 M 先生则不一样，他喜欢的那个姑娘在省城里读研，他为了追上她，被拒绝后一直奋斗，又考了一次，最后在省城追上了她。

现在看来，我认为 L 同学就是典型的外部驱动力的类型，他必须被外部驱动力驱动才能前进。如果那个女孩当时接受了他，我想他现在应该已经被心仪的学校录取了。与外部驱动力类型相对应，有些人属于内部驱动力类型。M先生就是一个内部驱动力的人，如果他不能追上，就不会放弃。假设再有外力牵引，则更是如虎添翼。

职场中经常会听到女生相互沟通的对话："现在喝点凉水都长肉，但是有对象了，长就长吧。"有些同事可能就会持相反的态度：保持健美的体型，不仅仅是为了自己的对象，主要是让自己快乐。这就是两者的区别：前者受到外部因素的影响，如上级的要求和对象的逼迫，可能会采取行动；而对于后者来说，她们在自己的心里有一条边界线，认为自己不能忍受时就会强迫自己，如果加上对象或者一些外力的要求，就会立刻行动起来，更顺利地得到自己想要的。

外部动力很难长期稳定地存在，随时可能消失。例如，如果你在一家公司工作，需要每天7点起床，你可能就会起来，但如果你不去这家公司上班了，可能就会睡到8点。假设没有内在动机，当外在动机消失时，人们就很容易陷入无精打采的状态。如果有内在的驱动力，内心就像充满能量的发动机，驱动着自己前进。内驱动力要靠自己不断从心里改变和锻炼，而外驱动力则是来自领导、工作压迫等，这些压迫只是为了"完成任务"。内在驱动力也是可以慢慢地训练和培养的，与其依赖他人，不如靠自己，训练自己的内在驱动才是正道。

内驱力培养的六个方面

网络上曾经有一句很火的话：我看不出来混一天和认真工作一天有什么不同，三天可能也是差不多，但一个月、三个月、半年、一年后就会呈现出完全不同的差距。

努力和混日子的差距在于是否拥有"内驱力"。在我们成长的过程中，很多人都忽略了对内驱力的管理，事实上，它非常重要，因为它可以有效地管理我们的大脑，当我们把想改变的东西变成享受和喜爱，让享受和喜爱成为驱动力时，事情可能就会变得容易得多了。

那么，我们如何才能拥有强大的内驱力？我认为培养内驱力需要从内心求知的欲望、关爱的欲望、人际交往的欲望、改变现状的欲望、挑战事情的欲望、成就贡献的欲望六个方面来入手。

第一，内心求知的欲望。简单来说就是自己对某些事情的求知欲，甚至对自己不知道的事情有没有"整明白怎么回事"的心态。锻炼自己求知欲的方法有：认识到学习的重要性，即知道自己不知道的状态；为自己设定新的目标，并制订有效合理的计划；让自己走出舒适区，进入学习状态。

第二，关爱的欲望。它通常指的是我们在人际相处中有没有感到被重视、被尊重、被人深爱，并感到自己有价值。锻炼自己关爱欲望的方法有：关心别人的前提是关心自己，比如让自己保持充足的睡眠，身体、饮食健康，注意劳逸结合等生活方面的细节；允许自己接收来自外界的关心；要更多地关注在时下对别人说的事情自己是否感兴趣，是否在乎别人的状态。

第三，人际交往的欲望。每个人都需要社交，人际关系可以帮助我们保持活力，增强生活的幸福感。但是现在移动互联网上的软件很方便，聊天和交流逐渐转移到了线上，很多人就忘记了线下交流。锻炼自己社交欲望的方法有：重新定义自己的社交圈，设计自己理想的人脉关系；用积极的眼光看待周围的人和事物；寻找并培养自己的"合作伙伴"，并且成就彼此。

第四，改变现状的欲望。每个人都需要有改变现状的欲望，不仅是生理上的，还有对新事物的认知。每个人要清晰地知道改变才是通往梦想、追求高品质生活的唯一途径。锻炼自己改变现状欲望的方法有：为获得而改变，而不是为了失去而改变；尽可能制订详细的目标，勇敢行动；每天逼迫自己进步一点点。

第五，挑战事情的欲望。做自己喜欢的事情，能让我们全身心地投入其中并调动内在的潜力，这也是我们身心成长的最重要的源泉。锻炼自己挑战事情欲望的方法有：尽可能选择一些有成就感的挑战；专注于挑战的过程；尝试"七天计划""十四天计划"等。例如，让自己学习一门新技能，尝试一项新运动，主动参加一个新项目。

第六，成就贡献的欲望。贡献自身价值是获得生活目标和人生意义的源泉。我们做出贡献，会让我们感觉自己有价值、有成就感和存在感。贡献也包括给予、奉献，但是每个人的理解程度都不一样。锻炼自己成就贡献欲望的方法有：分享自己的方法，并在做好自己的同时帮助别人；有目的地为重要事情做贡献，发挥自己的价值；发自内心地帮助并指导别人，也能调动自己的贡献欲望。

/ 核心观点 /

大部分人拖延的本质，就是自身在看到未来后，当下不做改变，把事情拖到以后，最后可能产生的成本会更大。如果现在有了改变自身的内驱力，马上开始做，不再拖延，可能未来的痛苦便会减少。掌握个人内驱力就是要把未来想要的那个结果从当下开始慢慢积累。

错位竞争
最好的成长是找不同

商场上不断地验证一个道理：打败你的可能不是同行，而是跨界。错位竞争从来都不新奇，跨行业很常见，当一家公司有足够的用户量、交易额，为抢占更多空白市场，就会布局更大的生态，夺取更多其他领域的机会，于是就形成了错位竞争。克莱顿·克里斯坦森在《创新者的窘境》一书里写道："如果你正面跟巨头竞争，成功率只有6%。如果你率先进到一个新兴价值网里面去，采用一种破坏性创新的竞争策略，成功率会高达37%，有6倍多的差距。"

大多数错位竞争其实差异并不大，以大企业孵化项目角度来说，组建团队、小范围测试商业模式、大面积铺设广告、多维度用户补贴、其实都是常规套路。有家公司在项目起盘前期用到了错位手段快速占领市场，在基础设施不建全的情况下，开始直接重金砸广告，售卖会员权益，快速收割用户，同时兼并完善后续供给端丰富货品等，快速弯道超车。错位竞争的方法在职场中的个人成长方面也颇为有效，它的代价低、行动快，让你找到差异化空白处，快速填补自己，形成核心竞争力的高壁垒。

关于错位竞争

在讲错位竞争之前，我们先来看几个事例：某项目比你的项目早一个月问世，你看到它做得风生水起，自己也要去尝试，然后就按照它的成功方法去走，而其实你很难追上它；你看到和自己年龄相仿的小张学习社群运营并实践两年后荣升为总监，然后你也模仿他的这条路，学习两年后自己并没有达到想要的高度；身边有个朋友报了个培训班，两年就升级到了总监，独立负责业务，我也去报一个。这些事例本质上都是"同质化的表层顺位"。"顺位"，顾名思义，就是按照别人总结的方法依次顺序进行。顺位能保证安全，减少风险、降低成本，但是往往也是最不安全的，因为你会、我会，大家都会。

顺位竞争一般都是"硬拼的方法"，你和他拼的都是"半同质化"，是一种硬刚的表现。这不是不好，只是不论从项目角度还是个人成长角度来说，都很难建立"高壁垒"。因为市场在变化，他的方法可能只是适用于以前的场景，你想靠顺位的方式达到那个高度，却发现根本不可能了，难度也加大了。

一个赛道中只有相同的一批用户，比如，电商赛道的竞争，有的主打"发货时效快"，有的主打"货品正品保障"，有的主打"平台SKU丰富"。但是这些策略一旦被用到烂大街，那么怎么再去吸引同一批用户中的部分用户呢？这个时候就要靠项目与项目之间的差异化来抢占用户了。不管是品牌的公关战，还是联名营销，都只是错位竞争中的一步棋子，当模式和服务兼并进行时，想让更多的人知道，就要用"错位的打法"呈现，快速吸引用户心智。

错位，顾名思义就是找到差异化。当一间屋子四面都是墙，你不要和别人一样去找不同的墙，你应该找的是结合自己的优势加上最容易攻破的、距离自身目标最近且投资小的去尝试。错位是让自己扬长避短，避开竞争对手的优势，用自己之长击破他人之短而确定相对优势的一种策略。如果你运用的恰当，不仅可以做到顺势而为，而且还能逆转趋势，为项目赢得较高的效益，为个人增设竞争的高壁垒。

比如两家电商公司，前后成立时间相差不到一个月。第一家公司运用常规套路，丰富品类，优化APP，投放电梯、地铁广告来获取客户并转化会员，告诉别人"我家多便宜"。而第二家在一开始就把现有的预算直接花到请明星代言、补贴供应链上，做精选SKU，补贴用户并告知用户开通会员分享别人还能拥有收益。试想一下，哪家更容易找到第一批种子用户？

再比如，两个人同做社群运营。一个人拼命地ALL-in社群，找本质，找方法论，然后依靠换公司来谋取涨薪酬和晋升。而另一个人在快速把"社群运营底层逻辑"摸透之后，利用其他时间学习活动运营、数据分析、KOL运营、品牌策划，综合提升自己的业务能力，筑建高壁垒。试想一下，哪个人在未来更有核心竞争力？

这就是错位竞争思维带来的差异。依托自己的核心优势，看到与别人的相同点，然后快速找到空白处，填补弱项。事实上，但凡在激烈的市场上取得较大成就的人，很少是喜欢跟风的。多数优秀的人都有"宁为鸡头，不为牛后"的独特个性，无论是个人层面还是项目层面，他们都会避开看得见的恶意竞争，走不一样的道路。

成长中的错位对标

对个人成长而言，如果你想要在 2 ~ 3 年达到某个高度，那么不要一味去幻想，要找到行动中的对标对象，并且这个对象必须是动态的，而不能是静态的。何为静态对标，比如心理学专家和公司高管等这些职位类型都属于静态对标，是定格不动的目标，这样的目标追赶其实本质上起不了太大的作用，因为过程无法对标，只能目标对标。何为动态对标，就是自己要在工作中找到一个"可以追溯的对象"，这个对象可以是自己的上级领导，或者是你生活中具体想成为的某个人。这样的对象就是动态的，每天都在成长。你可以时时刻刻看到自身当前的位置和学习努力的途径，并且能够有效地快速调整，以达到想要的高度。

根据不同的标准要求自己，会让错位的那个动态对象更近一些，有人可能会觉得，这不就是对标么，和错位有什么关系？我曾经遇到一个实习生，她在公司用非常短的时间，就超过了同龄人的高度，她是如何做到的呢？答案是：上级领导帮助了她。多数人在入职一家公司的时候，都会被安排一个直属领导，但是很多人只是把领导当领导。这个实习生找到领导说能不能拜他为师，想多学习点东西。就这样，这个上级除了是他领导以外，又多了一个"师傅"的身份。要知道，在领导与师傅的界限之间，后者的关系多数都会大于前者，前者停留在做事层面上，后者会在做事和情感上有交互。

这就是典型的"错位对标"。很多人只是停留在别人比自己厉害、别人是自己的偶像这一层面，而不会去对标他，然后再去靠近他。错位对标一方面可以抬高自己的位置，让自己觉得我就是那个人，那个位置就属于我；另一方面会让自我意识得到转变，思考层面也会比别人高。所以，错位的核心就在于当别人把对标的对象放在静态上面的时候，你要从身边人下手，不断超越他们，如果身边找不到动态对标对象，可以再把视野放大，这样你就具备了更强的实力。

找到了对标的对象后，首先要改变的是意识，你要在大脑中设定"两个我"：一个是对标对象的视角，一个是自己当下的视角。所以，碰到任何事情，在思维上你要用"如果我是领导，我会如何做"的眼光去处理，这样错位迁移就会很快形成；在行动上你要设身处地地模仿，从表面的行动到深度的思考。总之，你想当领导，就要把自己的大脑思维提升到领导的位置。

然后你会发现，自己遇到问题时，通常有两个答案，一个是当下状态反馈给你的，一个是领导要求你的。你要不断地思考、模仿、改变，这是一个进行自我反思、复盘的过程。遇到问题提出自己当下的想法，然后站在领导的高度错位审视自己的想法，再进行优化和调整。这也叫"屁股决定脑袋"，当自己把脑袋提到那个高度，你会发现自己看到的风景和遇到的问题是完全不一样的。

那么如何更快速地进阶呢？我总结了以下五点：

第一，梳理框架。

第二，完善流程。

第三，建立体系（任何事物都是有体系的）。

第四，找到底层逻辑。

第五，训练可迁移性。

我们都是懒惰的，都喜欢稳定，当自己到达一定的高度，就不想再往上提升了。如果你还年轻，这种思维是非常危险的，一定要不断找到动态对标对象，不断地迭代自己，这样才有向上冲的力量，不然自己只能停留在"以前的思维"当中。

个人"错位竞争"的 MVP

任何行业的不断发展迭代，扩张面都会越来越窄，打败你的往往不是同行，而是那些错位竞争的人才，有句话叫作"内行人教外行人做事，外行人让内行人重新做事"。多数人认为一个人与另一个的差距是从"成长性思维开始的"，但在我看来这只是一方面，其另一方面则是有部分人从一开始就寻找自己的"MVP"了。MVP 是网络术语，是指一种通过快速可持续地不断验证和矫正完成一个产品的方法论，它让产品成型，形成高壁垒，然后推向市场，最终让雪球越滚越大。

如果你是某个产品的 CEO，把这款产品推向市场首先要考虑的是什么？我想多数人的答案是先完善，然后再快速迭代。当然这一点没错。

如果把你自己看成是这款产品，从毕业到现在，或许你已经在市场上打磨了很久，你足够完善吗？还在快速迭代吗？多数人是没有的，甚至连自己未来要做什么都不知道，每天在公司固定的岗位就感觉很幸福，却不知这是"温水煮青蛙"。

或许你应该思考一下如何形成自己的 MVP 了，让"自己"这款产品加速迭代，才能配得上时间的检验，不然你的市场份额会随着时间的推移越来越小。生活中不乏这样的案例，年轻的时候你还在互联网公司做高管，但是越混越差，最后年龄大了，只能靠开出租去谋生了。

为什么在毕业后就要学会错位竞争？从职场成本角度来考虑，任何事情的第一成本便是时间，毕业后的新人其实没有太大的竞争力，只能拿着一张文凭、几个证书去和职场老人赤手空拳地肉搏。在这个信息万变的时代里，所有的行为都要考虑利益和成本，公司所招聘的每一个岗位，讲究的都是性价比，性价比不是你够不够便宜，而是现在的身价能不能给公司带来更多的效益。

所以，尽可能在30岁前，让自己的思维成长，考取专业证书，不断地换更高的圈子，强大自己的思维。这些都是自己有利的与同龄人错位竞争的"武器"，30岁的增长将从线性型增长变成指数型增长。

如果你还没有想过上面的问题，可能你现在就需要重新定位，不要盲目从众地去追寻什么大公司。或许应该站在长远角度认真思考，五年后自己会在什么位置，想要的是什么，然后当下应该往哪里去磨合。

当定位好自己要在的行业，下一步是审视你的专长，预测你的未来。在基础技能之上，铺设更多技能，这样会让你在职场上有更强的优势，形成基础的错位。比如，学习数据分析、写作、影视剪辑、PS等，你必须要借助互联网的机会找到某一个专长，然后把这个专长做到极致，它是你的最后一道"吃饭"的防线。

/ 核心观点 /

领导层面遇到问题，解决之后会复盘思考底层逻辑，然后挖掘本质，当找到本质的相通点，就会训练自己的可迁移能力。这也是你经常会看到电商的运营高管为什么跑到教育行业依然可以做运营高管的原因，即底层可迁移、标准化可以迁移，这就是错位竞争的优势所在。

青蛙效应

成长就是居安思危

很多人都听过温水煮青蛙的故事。把一只青蛙丢进装满开水的大锅里，青蛙在剧痛的刺激下，会立即试图逃离。如果把青蛙放进冷水锅里，任其自由游动，然后用小火慢慢加热，青蛙虽然可以感觉到温度的变化，却没有立即逃离的必要性，最终一步步走向死亡。

生活中多数人就像温水里的青蛙。每个人天生都有"惰性"，依赖于某个场景总是喜欢安于现状，不到万不得已时基本都不愿意去改变已有的生活。当一个人长久沉迷于这种没有任何变化、安逸的生活时，其实就忽略掉了周围环境的变化，当危机到来时，就像温水里的青蛙一样，只能坐以待毙。

青蛙效应在生活中也是可以被比较广泛地使用的，假如在企业中，管理者和员工没有强烈的忧患意识，不能及时地发现问题、解决问题，只能落得像温水里的青蛙一样的下场，最终被市场淘汰。所以不能只盯着眼前的小利益就沾沾自喜，要及时发现问题、解决问题，才能实现更大的突破。

没有动机的"青蛙"

不管是企业还是个人，面临外界的不确定性都会非常焦虑，其实多数人试图改变，却止于行动。H先生国庆假期期间，打算先花两天时间休息，一天打扫卫生，然后四天用于学习。头三天在家里，他每天睡到自然醒，醒来之后简单收拾一下就玩玩手机、看看电视。第四天，H先生醒来时心想，最近休息的也差不多了，精力也恢复了，接下来打扫卫生之后就要开始学习了。正当他准备开始做的时候，媳妇儿跑了过来，对着他一顿大骂："你看看你，放了假天天在家睡觉，也不带孩子，也不收拾卫生，天天抱个破手机，你再这样我就回我妈家住了。"

到这里试想一下，如果你是H先生，会有什么样的心理感受？你原本打算"打扫完卫生，然后开始学习"的动机是很强的，被媳妇儿这一段话的大骂，是不是就变弱了？如果你是H先生，我想你此时一定非常委屈，且很无力，原本自己已经计划好的事情，被媳妇儿这么一催，反而完全没有动力了。

为什么呢？因为你的动机已经被别人偷走了。那么它是怎么被偷走的呢？

原本你想做一件事情，有自己的节奏安排，也会按照那个步调一步一步地去行动，努力完成这件事，这会让你非常有成就感。而现在呢？你的节奏被打乱了，别人根本不了解你的节奏，不了解你心中的规划，然后用简单粗暴的几句话指责你、催促你，逼着你去做。

在这种情况下，自己的心理就有点"被别人强迫""被别人控制"的感觉，体会不到自身在这件事上的意义了。你不愿意被别人用"枪"指着，也不愿意被别人当作"奴隶"，没有人喜欢被控制，所以你的动机被"偷走了"，最后就什么都不想做了。

这就是我们明明知道自己该奋斗了，最后却迟迟无法行动背后的动机效应。不是你不努力，而是别人干涉了你的动机，你的主动权被别人掌握并"偷走"了。

一家公司的APP原来是外包团队在做，老的APP就像一款破车，只能缝缝补补凑合着用。现在有了新的技术团队和运营团队，只需要快速承接上，未来就能从底层发生质的改变。老板也高度认同，中间可能需要2～3个月的周期，涉及时间成本和金钱成本的投入。在进行的过程中，几名合伙人却出现了分歧。其一认为技术成本过高，不能直接带来效益；其二从运营角度来看，认为活动做得不好，不能直接见效益。这些便成了其他几名高管的借口，并不断地去阐述现状进行博弈。最后结果惨烈，人员流失，业务下滑，没有转型过来。其实这背后的一切便是"你动了他的蛋糕"而已。为什么大多数企业的空降高管最后做不下去，除了自身的原因以外，剩下的就是那些"被偷走的动机"和"别人手中的蛋糕"。

在组织或者某项业务的升级中，别让"不合理的期望"毁掉了"别人的动机"，一旦动机没有了，还有什么可以让人进行自我驱动的理由呢？

多数人都是"懒惰的青蛙"

人本性懒惰，因为懒惰可以让人享受大脑不运转带来的轻松和愉悦。这并不是大脑的弊端，试想一下，如果大脑一直运转（思考、锻炼等），那么人也会吃不消。平衡大脑的放松和运作，需要后天培养强大的意志。

一个人入职一家新公司，一般都是非常勤快的，因为拿到Offer的那一刻，你就要面临新的环境、新的同事、新的领导和做事风格，如果不加快自己的适应步伐，则可能会被淘汰，这就是典型的职场规律。通过一个月的快速适应，领导的做事风格、自己所做的工种、业务流程都熟悉完毕，那么自己的大脑便会下意识地开始"偷懒行为"。这一切的本质是你熟悉了环境和周边的事物，加上公司文化的熏陶，慢慢地形成了特有的"惯性"或者"定律"。

在这种既定的环境中，你做事也会参考身边的人，喜欢听他们的想法，不知不觉地就会被他们的性格感染，随着时间的延展，工作中如果面对的挑战不是很大，自己的大脑便处于放松的状态了。多数人都会这样，然后就会持续地掉入这种"温水"之中。

自己的静态行为，不代表外界也是一样的，公司需要快速发展，当自己的力量不能够带动组织前行的时候，企业便会募新。你突然看到公司来了新同事，业务能力很强而且很年轻，这时心中才会有"警钟鸣起"："他这么年轻、这么厉害，我要改变，不能再懒散了。"当自己意识到要改变时可能为时已晚了。

懒惰后面背负的情境因素是什么？是不是哪方面的需求没有得到满足，才会造成现在这样的结果？相对于懒惰的表层行为，我更倾向思考隐匿的行动障碍是什么，只有认识到这些障碍，并且承认它们存在的合理性，才是打破懒惰的第一步。

举一个简单的例子：晚饭你吃了份冷的东西，结果肠胃不舒服，晚上一直翻来覆去睡不好，这种隐秘的东西，就成为你第二天行动的障碍。然而这不是最难受的，最难受的是别人不了解自己的计划、背景、状况的时候，直接就会因为"结果的不好"而批评一个人，这就很容易给人施加无形的压力，形成打击，久而久之，自己便不愿意为之付出了。

除了"隐匿的行动障碍之外"，懒惰的具体表现还有"拖延"。人们总是责怪"拖延"行为，认为它是"懒惰"的象征。拖延并不总是意味着自己意志力薄弱，没有动力，实际上拖延也可能是人们对某些事情很在意，但在开始的时候启动比较困难，比如，觉得自己做得不够好而产生焦虑，对自己将要迈出的第一步感到困惑或者混乱，担心自己会被别人嘲笑等。当自己因为担心失败而无法行动，或者不知道如何开始一个复杂的项目的时候，就会很难做成这件事，它跟自己的欲望、动机无关。

温水里面的"怪圈"

每个人都希望自己有个舒适的环境，但舒适区不代表最好的成长环境，我们想要寻求成长，就不能太舒服，不然就成长不起来。

为什么有些农村的孩子学习那么用功，就是因为"条件差"。条件不仅仅代表物质层面，从环境层面来说，干扰性就显得特别低，没有那么多让孩子可以玩乐的地方以及可供玩乐的玩具，所以只能通过努力学习制造乐趣。大城市就有所不同了，物质丰盛，加上环境优越，孩子也就丧失了"聚焦"的能力。

"温水煮青蛙"的例子，除了"温水"不断加码，就是"青蛙本身"的问题。在某些层面上，总是"太容易放过自己"，总想给自己留个后路，这其实是最没有后路的一种行为。

之所以这么轻易地就"放弃自我成长"，是因为心里存在着一个叫作"侥幸"的词汇。工作中你可能总想着没准我偷懒，领导看不到呢？没准我的方案就被客户误打误撞地选用了呢？不用力干活儿，反正有团队其他成员在呢，我让别人分担一下不就好了？可能刚开始的时候会显得有些心虚，但是有了第二次，第三次、N次以后就成了习以为常。

等到自己猛然醒悟过来，居然发现这些"借口"、又进入了一个不同的"怪圈"，你就会慢慢地忘记自己的"初衷"，以为眼前的放过自己和怠慢都是及时行乐，反正还年轻，应该享受人生。可是上天是公平的，一次一次地放过，一次一次地变得懒惰，就会成为年长时候的无奈。

多数人习惯在这样的环境中偏安一隅，觉得"打工嘛，怎么简单怎么来，反正又不是给自己做，并不用去在意"。其实，对工作以及任何事情的敷衍，本质就是对自己的敷衍。当你的PPT漏洞百出的时候，你总是想"没关系，领导也不一定会看我的"，你一边抱怨领导为什么用一个还没你聪明的人，一边做着"只扫自己门前雪，不管他人瓦上霜"的"老油条"。你一边抱怨"社会贫富差距大""工资不理想"，一边在沙发上打游戏、看电视剧，也不去提升自己，时间久了你也习惯了，觉得这一切似乎理所应当，甚至于养成了敷衍了事的习惯。

日复一日，年复一年，你还给自己找无数的借口，什么活在当下，什么做自己，口号鸡汤都被自己"玩烂"了。但是你还是没有意识到，这样放过自己并不会成就自己，反而成了那只"青蛙"，在温水里面等着被煮。

没有后路就是"最好的出路"

多数人想改变，本质上是因为看到了别人行动后产生的那个目标与自己的期望值较为匹配。你看到五个月前发音不标准的小程现在英语表达收放自如，你看到原来那个160斤的大肚子哥们儿，现在130斤还一身肌肉，这些都是"驱动欲望"最关键的因素。所以你就会想"哎呀我要行动""哎呀我得学习"。但你还缺少东西，叫作"清晰的目标""有效的路径设计"思维方式的建立。

"我想改变"，这句话显得很空，要在身材方面改变，这句话就要加上核心指标，即"我要通过30天健身减肥10斤"，这就叫有"清晰的目标"。有效的路径设计就是驱动自己"如何去做""怎么去达到"的问题了。

自己设定目标，设定有效的路径，本质上是为了解决问题，但是最后如果以这个为导向，不但解决不了问题，反而会让自己更难受，为什么？因为每个目标后面都隐藏着一个大问题，比如，你要减肥，是因为太胖了；你想学习，是因为知识不够渊博。如果你按照这个思路进行下去，多数都会失败。为什么会失败呢？因为它是一个"思维内循环"：解决问题—改变—停止—

回到过去—解决问题。

你应该把关键点调整到未来愿景上，而不是解决问题上。自己需要有明确的愿景，这个愿景就是自己的目标，这样你就不会形成思维内循环了。有了愿景之后，在努力的路径中，把思维聚焦在如何创造自己想要的结果上，而不是不断地解决问题上。只要投入的时间足够长，就会形成一种"正向性的循环"。

罗曼·罗兰说过"宿命论是那些缺乏意志力的弱者的借口"，命运有时就像一条三岔路，真正的光明所在反而是你面前的那堵墙。当自己面临一个死胡同，踢开那个障碍物就是另一种风景，如果你选择走捷径，走的另外一条路或许是大多数人所走的路，最后将面临同质化、竞争更加激烈的状况。

退路的本质其实也是一种"分心"。领导让你做一个PPT，你总想着有没有模板可以套用；让你做一个活动方案，你总想找一个成型的改一改，这些并没有什么用，最后其实糊弄的还是自己。

考虑退路，不如把功夫用在学习上。退路看起来不费力气，但之后自己要花费更大的力气。没有退路才能有更好的"出路"，最好的路一定不是自己计划出来的，它往往隐藏在迷雾之后。

给自己设定一个3～5年不断追逐的目标，不要成为"温水"里的那只青蛙，只有心不安，才能更出众。

/ 核心观点 /

"生于忧患死于安乐"，别让自己过得太舒服。不想轻易出局，请警惕"青蛙效应"。不管是企业之间的竞争还是岗位之间的竞争，大多数都是渐热式的，如果管理者与个人不能敏锐地觉察到市场和环境的变化，那么最后就会像温水中的青蛙一样，被"煮熟"。

镜中我
成长的基础是看清自己

对"自我"的认知来自别人对我的看法，多数人的"自我观"是在与别人交往中不断形成的。一名刚来公司不久的实习生个性鲜明，但工作效率非常低，上班总是迟到，也不怎么服从管理。面对这种情况，作为领导可以直接辞退他或者用扣除工资的形式来进行管理。但是若你的目的是激发他的动力，那么就还有另外可行的方式，比如你可以和他私下沟通："我看你刚毕业工作没多久，可能还没有适应过来。我觉得你是个很有潜力的人，尽管平时迟到，工作效率有些慢，或许也有一些客观因素。我相信以后不会再有这种情况出现，你应该会做得更好，不要让伙伴们小瞧你。"

这种方式称为"镜中我"的管理方法：若想改变一个人的行为观念，那么就要从他的"自我观"去激发，用正向激励的方式，让一个人得到正向提升。无论是在生活还是工作中，"镜中我"效应无处不在，只要我们敢于突破自我认知的思维界限，就能更好地看清自己和提升自己，甚至可以启发别人。

关于"镜中我"效应

"镜中我"效应与社会心理学中倡导的"不要在意他人的看法"恰好相反，它认为：一个人的自我观念是在与别人建立关系和沟通中不断形成的。一个人对自我的认知来自别人的看法加上自我的评估。

今天，多数人都在使用微信、微博等社交软件，每个人都想把自己最优秀的一面展现给外界，这导致"镜中我"效应每天都有可能发生。最常见的例子就是女生朋友圈发照片，细心观察会看到这种情况：当一个人发朋友圈，照片被别人评论赞美时，她的内心便会非常激动，在这种心理暗示下，她的内心会不断地强化"评价"，认为自己就是那样的人。她便会用那样的标准去要求自己，不断地去分享自己各种场景的"美照"。而这一切就是为了不断地捏造"人设"。这时突然有人冲出来说了一句不好的评价，她就会非常在意。这一切的过程就是"镜中我"，别人不断地反馈刺激自己达到的效应。

每个人都有这种得到别人赞赏或者批评的"镜中我"，这一切相当于他人给每件事情做出的正面或者负面的反馈一样。它的正面意义就是我们可以从别人的评价中得到心理暗示，更加自信、有责任感，让自己往好的一面去发展、努力，最终和目标达成一致。而负面的评价会使自己认知到不好的一面，从而在下次的行动中刻意地避免，而这种力量本质上会潜移默化地从"认识"层面到"行动"层面不动声色地改变一个人。

"我"是一个什么样的人，多数来源是他人对自己的看法，众人就是一面镜子。如果自己没有意识到"镜中我"效应，就不会及时思考别人的反馈是否合理，那么就会影响自己大脑元认知的决策。

比如，你做了一件好事，通过别人对于该事的种种反应，你知道了别人对于你的认识是一个做了好事的人。接着通过别人的口头评论或者其他的反馈渠道，你又了解到对你的评价是"热心善良的人"，你会对这种认识和评价感到十分愉悦，也会确定自己是一个"热心善良的人"。然后你就会用这种标准去要求自己，这是一个人自我观念、元认知不断打破并成长的过程。但是"镜中我"只会影响但并不会完全决定我们的"自我认知"，在同样的情况下，可能有人评价你是一个"多管闲事的人""虚伪的人"，你就会产生愤怒或排斥的心理。这种评价反馈给自己，极端的人就会因为别人的一句评价而改变自己的行为，原本"善良的一面"因为这种事情的影响，下次即使你想提供"善意"的帮助，也会考虑一下。

那么，我们为什么会在意别人对于自己的看法？人们之所以在乎别人的看法，本质上是想得到一个有效的"反馈"。反馈的本质是形容"对与否""某件事情的做法是否正确"。但是多数人对别人的反馈却只停留在了表面上，用来满足自身的虚荣心，比如做某件事情就是为了得到赞美。而这种赞美会让自己一步步迷失在过程中，对自我的认知就会产生偏差。因此，你会发现"镜中我"有两面性，有时候也需要适当地去分辨真伪。

如何正确树立"元认知"

在生活中，我们都是有两个"我"存在的。其一是真我。何为真我？就是自己认知当中理解的那个自己。其二是他我。何为他我？就是别人心中的那个"我"。

元认知就是你对思考过程的认知和理解，也是对别人给予的反馈内容的打碎、重组、吸收的过程。多数人习惯用"他我"来提高自己的元认知，这本身没有任何问题，但是你无法用眼睛去分辨别人到底是真心还是虚情假意，因此就要先建立正确的元认知意识。

很多人不善于思考，喜欢听别人说，并选择相信他们的话，这很干扰自身的判断。好比老张说天鹅是白的，老王说天鹅是白的，那么你就相信天鹅是白的。突然有一天，你看到了一只黑天鹅，你又认为天鹅是黑的。所以元认知的本质是让自己独立思考、"内化信息"的过程。

惯性思维处理问题是"线性"的，比如遇到事件A的发生，你才有B的决策和反应。如果自己的元认知被激活了，就会出现批判性思维，这时候你的思考就会发生变化。事件A发生了，自己有了B的决策和反应，那么为什么会有B的决策呢？有没有其他方面的依据和判断，会不会出现多元化的答案？于是你就会有C或D的答案。就好比上面的天鹅一样，当朋友说出天鹅是白的，你的大脑就会思考有没有多种结论，"有没有黑的天鹅呢"？这就是元认知思考的过程。

要知道，在别人的信息反馈中有些是不准确的，如果不准确的信息多了，那么从外界形成的这个"真我"就也不一定准确，就会导致我们看到的我并不是"真的我"。

在工作中，一些下属会采用拍马屁的形式来和领导拉近关系，获得某些方面的照顾。元认知意识高的领导一眼就能看出这种现象，而有些主管就可能会内心动摇，通过下属的不断恭维，自己便会变得飘飘然，觉得自己很厉害，并在他人的虚假赞扬中失去"真我"。

逛商场的时候也会遇到这种体验：你看上一个POLO衫，在店铺里试穿的时候会觉得非常帅气，但是买回家后穿上却发现感觉一般。这是为什么呢？本质道理都是一样，商场中的"镜子"和家中的"镜子"不一样，产生的效果自然也就不同了。

由此我们得出，反馈是呈现两面性的，只有正确地分辨信息，才能塑造好元认知，才能提高认知能力。

接受讯息的第一步是内容到达大脑，我们要学会"丢弃"。何为丢弃？对不准确的、不真实的夸赞要自动开启屏蔽功能，不要放在心上。

第二步便是"内容的处理"，通常采用的是自我提问的方法。除了思考别人说的话以外，更要思考"别人为什么这么说"或者"这么说的理由有哪些"。自我提问会不断地促使自己反思如何提高问题解决的能力，从而也会抛开现象层去找本质。

第三步便是"内容的沉淀"。别人反馈的观点处理后形成了认知，或者"懂得了这个道理"，那么就分类存储在记忆中。分类是为了防止遗忘。合理的归类会发现问题的解决方案包括三个方面：其一是本质，其二是方法论，其三是概念。

第四步便是"内容观点的输出"。思考完了，知道了这件事情，不代表自己就完全掌握了，还需要自己进行实践。我遇到很多人的观点、结论很清晰，但是在落实的时候往往就束手无策，不知道从哪里下手。输出的本质就是"刻意练习"。为什么要刻意练习？因为大脑的元认知知道了"这个方法"不代表它真的会运用。就像上面所说的四个步骤，你知道了不代表你就会用；就像很多人知道了健身的方法，但他还是个胖子。

除了上面四个步骤外，元认知从执行层面还包括计划、执行与监视、调节三个方面。

　　我以"真我"和"他我"为例来说明这个问题：计划，简单来说，就是有明确的目标，然后为这个目标制订策略，同时分析自己的水平能力。通过上述四个步骤的方法论训练自己的元认知能力，从而有效地分辨出"真我"与"他我"的差距。

　　执行与监视是在过程中不断地提高自己的审视能力，审视自己的方法是否正确，遇到问题如何解决，阶段目标有无完成等。

　　调节的本质是对策略的调整，比如为什么会有人反馈自己做得优秀，而有人反馈自己像是刻意的显摆，是不是完成的同时有些格外的高调等。

　　元认知是"有章可循"的，也是每个人都具备的，即使是初学者也可以通过有意识的训练得到提高。元认知也是近些年来在认知领域提出可以改变人类潜力的最重要的一个概念，它可能无法改变我们的智商，但是可以提高学习与辨别事物的能力。

认知"镜中我"效应的好与坏

　　"镜中我"是一种途径的引导，很多人在现实生活中越来越不自信、越来越自卑的本质就是陷入"镜中我"的囚笼中，这当中涉及两个关键的因素：其一是"心理的暗示"，其二是"众人的反馈"。

正向的暗示可以使一个人不断地改造自己，反面的暗示则可能带来巨大的危害。

如果你明天将要面临人生第一次上台演讲，面对500多人，从正向思维出发，个人心理肯定会有巨大的压力，比如"我演讲不好怎么办"，"大家会不会嘲笑我"，"我会不会给别人丢脸"等。如果你的领导、同事都鼓励你，相信你的压力会有所缓解；当自己从舞台上下来时，他们都为你竖起了大拇指，夸你真棒，相信你会越来越有勇气，想第二次、第三次站在演讲舞台上。如果相反，你第一次上台，同事们都嘲笑你可能会紧张、说错话、出洋相，并且他们还说"你出洋相了我给你拍下来"，那么你的压力就会无形中加大。假设真的失败了，再面对领导的批评，那么下次让你上台你肯定也不会去了。这就是典型的"镜中我"对一个人正向和负面的启发。

上小学的时候我们都会遇到老师课堂随机提问的情况，当老师提了一个问题让你回答时，你回答不出来受到老师的批评或者同学的嘲笑时，自己的心理落差便会越来越大，久而久之就没有学习的动力了。如果相反，当自己回答错了，老师耐心地指导并且给予鼓励，那么相信下次自己一定会认真听讲。这就是为什么好学生会越来越好，而差生会越来越差。

"镜中我效应"还会形成另一种情况，就是当我们对别人的评价或者自身认知有错误，给别人提供了一些不正确的反馈时，我们形成的认知很可能会更错误。

你在朋友圈看到了众筹治病捐款的链接，于是点进去捐了100元钱，然后心里默默地祝福患者早日康复。然而不到半个小时，你突然得知这条信息是假的，相信下次遇到这种事情你就不会再给予帮助了，你不仅不会帮忙，可能还会告诉身边的朋友这些信息都是假的。

抛开链接的真假不说，这些"反面的教材"会直接影响自己的认知。为什么呢？当有了第一次的行为，我们第二次就不愿意再花某些成本去投入，甚至不愿意花时间去验证那个链接是"真"还是"假"，然后就想当然地去下定义。而"下定义"的过程，才是对个人"元认知"的直接伤害。其实自己的本意是好的，但是因为没有再次经过验证，自己的一句话就可能改变了身边一批人的认知。某件小事可能会颠覆你对事物的认知，同时也在慢慢地改变"自我观"。

生活中，不仅仅"一句话""一个行为"会影响别人的自我观，有时候也会给自己造成"判断缺失"，陷入"镜中我"当中。

"镜中我效应"形成了我们的自我观，如果转化一下视角，也可以运用这一原理改变他人对自己的评价和行为方式。帮助别人改变"自我观"，把别人变得更好，才是"赠人玫瑰手留余香"的正确方式。

内省与外省

东西方文化的教育差异中有一点非常有趣：西方的自我观要求是内省的，而东方的更多是外省的。东方文化讲究做人要"真实"，而这种"真实"更多的是人前人后都一样，要对"别人"保持信守承诺、言行一致，而西方文化要求的是对"自己要真实"，即忠于自己的"真实感受"。

"内省"和"外省"是两种截然不同的人生道路和思考方式。

外省的本质是向外思考，也造成了我们习惯性地"看别人"，但是看别人有时候就会造成自己主观判断的偏差。比如一场演讲大会，你本来跃跃欲试的，可是身边的人都说"小心出丑"，你可能就因为这些人的一句话改变了决策。长此以往，自己的任何决策都习惯于依赖他人，在做决定前会先询问他人的意见。试想一下，这不是大多数人的思维方式吗？

内省的思考就不同。西方国家比较注重和"自己"对比，发现自己的固有特点，他们在思考的时候也很少参考别人的看法，在自我和别人之间有一道明确的边界线。他们善于和"昨天""去年""上个季度"的自己对比，然后总结优点，比如我有耐力、我个人毅力比较强等，通过自省不断地挖掘。

东方的外省观点更多的是基于别人的思考、反馈才能认识自我，西方则更关注如何成为一个优秀的人，要求你去用事实证明自己。

内省是认知自我的一个过程，不要以他人视角来做自省。我们经常听到父母说"你看别人家的孩子"，我从小也讨厌这种情况，尽管无法避免外省，但直到现在我也坚持内省，看真我，与自己对比。

在西方有一种排斥是"保护孩子的自尊心"，那么最好的方法就是不要看别人。其实多数人也知道，在这个充满竞争的时代，你不得不看别人，因为他人的眼光最终也会影响自己。我们习惯于用"镜中我"的方式来认识自己，尽管也强调要做到"内省"，但是这种方法始终不是主流，因为即使你不这么做，别人也会要求你这么做。

但"镜中我"的效应未必是真实的。别人眼中的"我"是与他人的依赖关系和竞争关系构成的，比如，有时候你觉得还不错，但是别人可能就觉得不太行。从别人眼中得到信息而反思自己，会对自己的认知造成偏差，因为别人的理解是"动态的"呈现，并且依据决策的场景也是不同的，所以别人的反馈在某些场景下我们不必当真。从内省角度来看，我更强调不去与别人攀比，只与昨天的自己较劲。

/ 核心观点 /

你会从别人的眼中看自己吗？你会很重视别人的评价吗？当你思考这两个问题的时候，你会想到什么？评价和反馈始终是两件事。评价无意义，反馈有依据才是我们要追寻的认识自我的途径。

坚持微小的改变
——习惯复利

怎么才能
结果导向型思考

　　打开搜索引擎，输入"怎么才能"四个字，会出来很多问题，比如怎么才能减肥，怎么才能考出好成绩，怎么才能拥有一份轻松的工作，怎么才能赚更多钱等。似乎在知识泛滥的今天，人们的思考方式也发生了本质的变化。以前搜索都是以"为什么"为导向，而现在大数据调查显示，变成了"能不能""怎么才能"为导向。若细心观察不难发现，我们一生都在围绕这两个问题做选择，它们就像个分岔口，随时让自己面对不同处境，得到的结果也不同。

　　有的人永远在思考"能不能"，他们有很多计划，却从来没有行动过，因为他们无法改变懒散的习惯，也不舍得放弃舒适的环境，最后与机会失之交臂。也有一些人永远在路上，他们只会去想"怎么才能"，看似没有资本，却永不放弃。

　　当你为某件事情思考"能不能"时，得到的答案一般为"能"或者"不能"。"能"与"不能"之间，最后得到的结果一般为"不能"，这意味着在没开始行动之前，多数人已经被"不能"的理由打败。

逻辑导向

在工作中，很多领导一般会自动过滤掉"能不能"，而主动选择"怎么才能"，这样就能带动团队为了某个目标努力去做。当你思考"怎么才能"的时候，思维就有了变化，首先就自动地拒绝了"不能"，然后在"能"中找出各种可行性的解决方案。只有拥有"怎么才能"的思维，你才会去思考到底如何完成。

思考的逻辑导向直接决定着我们对于一件事情的态度。"能不能"是"过程导向型思考"，然后再推演出结果；"怎么才能"是"结果导向型思考"，当自己为结果负责的时候，就会不断地倒逼着思考"过程"怎么办。用结果去驱动过程和用过程去驱动结果是完全不同的。这两种思维惯性一种是以"结果为导向"全力以赴地在寻找答案，而另一种则是围绕问题本身寻找各种理由。

现在我们想象一个场景：领导给你布置了一项任务——明天下班前需要一个关于产品的解决方案，尽可能详细地描述出来。显然这是一个被动的目标和任务。当一个人接受到任务指令的时候，大脑中就会出现两个不同指令的条件反射："天呐，时间这么紧，我能不能完成"，或者"时间就剩这么多，我该怎么去完成，需要调配哪些资源，找谁要素材，找谁帮我设计插图，去哪个网站找模板"。

那么这两种思维背后折射的行为是什么呢？被动目标往往是"被别人推动和要求的状态"，主动目标是当接收到指令，把目标主动转化成某种动力，从而变成自驱力，想尽一切办法去完成，在整个过程中自己也得到了成长。

两者逻辑导向的驱动不同，一旦选择了"能不能"，你的第一幻想便是"我能不能搞定"的问题；当选择了"怎么才能"，就把思维转化成了怎么才能做好或者要以更好的状态迎接的问题。这两种不同思考方式，决定了我们对某些事情的直接看法，同时也决定了我们在做事过程中会成为一个主动出击者还是一个被动驱动者的核心因素。

每一个看似不能完成的任务，其实背后都有一条通往成功的道路，当认真思考或不停地寻找答案的时候，其实并不是陷入了"问题"的本身上面，而是自我的认知层。举一个简单的例子：我身边有很多做新媒体的朋友，他们中不乏很多新媒体创业年收入破百万的人，也有很多辛辛苦苦一年变现寥寥无几的人，同样是做新媒体，为什么有的可以年入百万，有的却不能？

这当中的"屏障"其实就是"能与不能中间的认知层"，那些能做到的人，从前期就在观察别人的底层逻辑，从而围绕目标"怎么才能"展开进行；那些做不到的人，却无法跨越这中间的认知鸿沟，他们在开始的时候就认为目标很远大，无法实现，在能与不能之间徘徊，最后陷入了"还是算了吧""就这样吧"的状态中。

其实很多事情，你如果不尝试是永远找不到答案的，主动出击、躬身入局的亲身体验会让你在遇到的困难中解锁新的认知，学习到新的知识。

能不能——过程导向型思考

过程导向型思考就是注重目标中过程的情况，结果导向型思考就是注重结果，反推过程。过程即事物发展的经过，结果即在某段时间内事物发展的最后状态，后面加上"导向"的话，就是告诉你在价值上或者行为方式上的侧重点。一般情况下，过程导向型思考者的优势在于对细节的处理，结果导向型思考者更看重效果。

那么我们在谈"过程导向型思考者"和"结果导向型思考者"的时候，通用场景下谈的是什么呢？很多时候其实是形容一个人有什么样的做事风格。比如技术工程师想展现他的专业能力，以过程导向性思维为主显然没问题；比如管理人员想强化他的管理目标，就要以结果导向型来驱动思维。

两者虽然都围绕目标来进行，但过程导向型思考者与结果导向型思考者的思维方式截然不同。过程导向型思考者一般不会为一件事情去轻易许诺，也不会轻信许诺，换句话说，一般不愿意扛下巨大的责任或目标。他们不会自我洗脑，也不会相信洗脑，因为过程导向型思考方式本能的反应是不会对奇迹，甚至于远大的目标本身敏感，而是不断地刨根问底。他们会思考这件事是如何实现的？方法、手段、逻辑在哪里？现在的环境、条件会不会发生变化，会发生什么样的变化？在这种刨根问底的过程中，人的见识、逻辑、独立思考能力、专业能力会陷入自身的"能力舒适圈"里。在"舒适圈内思考"，无形之中就陷入思维的囚笼。

过程导向型思考者很容易让自己弱化"大目标"而陷入阶段性的"小目标"中。大部分人因为习惯于注重思考过程，行动中就会过于聚焦关注某个细节，在细节上徘徊不前，最终会浪费巨大的时间成本，达到的大目标效果就会有较大的偏差。所以过程型导向思考者更容易在过程中迷失方向，陷入思考黑洞，因为涉及较多的细节，也就意味着每个细节都会有不同的选择，也就有不同的答案。

当一件事情需要进行"过程控制"的时候，要思考这个过程到底是不是为了想要的目标而进行，不考虑输出有效结果的思考过程都是瞎折腾。在目标感不强烈时，运用过程导向型思考要小心陷入细节僵局，反之目标感如果足够强烈，用最终想要的那个目标去倒逼事情的过程，得出来的结果就可能会完全不同。

怎么才能——结果导向型思考

当有了目标之后，结果导向型思考是一种主动出击的状态，会围绕着目标去对过程进行拆解。我认为，将以"结果为导向"作为"人生态度"或者"万事准则"其实没有任何问题。"以结果为导向"不是"唯结果论"，而是围绕自己想要的结果来制订计划，硬要说有问题的话，我认为可能会更早更多地发现自己的弱点和不足，然后需要花时间来调整自己。但请相信，只要应对的方法得当，从长期来看，这对自己绝对有益处。

为什么这么说呢？因为每个人很小的时候就具备了这种导向，只是随着时间和社会的洗礼逐渐变得弱化了。不妨来思考一下"以结果为导向的人生态度"是怎么形成的。一个人只要开始学习，那么他就有基础的哲学问题：比如说我是谁、我从哪里来、我要到哪里去、我的目标是什么等，然后随着时间的发展，开始思考我要上什么大学，我存在的意义是什么？我有使命吗？这大部分的问题，都是属于"定性"的问题，不要说小时候，即使用尽一生去寻找，有的人可能也得不到一个真正想要的答案。但有些问题就属于"可实践的范围"，即我虽然不知道正确答案，但是我要去实践，因为只有实践，才可以看到结果。这类问题我把它们统称为"可实践问题"。

在这两类问题当中，后者相对来说更实用，因为它们一直都在指导着我们接下来的行动，而且没有这类问题，我们就会陷入迷茫中。比如5岁的时候，父母鼓励我们去上学，于是就有了每天的基本步骤：穿衣、刷牙、洗脸、吃饭、穿校服、出门。我们的目标很明确，就是要自己独立去上学。那个时候，我们所做的一切事情都是围绕上学来展开的，如果没有上学这个结果导向，我们就会迷茫，不知道自己这是在做什么。

这就是最早的"以结果为导向的思维方式"，它几乎是每个人的必经之路。随着时间的发展，我们遇到的问题会越来越多，比如到了初中学科越来越多，目标难度越来越大，成功的资源也越来越少。所以在人生长跑的赛道上，越来越多的人会掉队，并在掉队的时候安慰自己，目标太大并不是所有人都能实现，我还是算了吧。

于是，多数人会对残酷的生活做出妥协，然后就有了这样的状态：虽然结果不好，但是我努力了，可能是运气太差，问心无愧就好了；虽然结果并不理想，但认识了一群志同道合的朋友，也挺开心的。这种典型的自我安慰模式，实则是给结果和目标间的差距找个合适的借口罢了，长期下去就进入了"自循环"的状态。

那么换个角度，真正以结果为导向的人会怎么做呢？列好计划，学好基础，打牢知识，逐个攻破，当把一切做完的时候发现似乎很多问题都会迎刃而解，并不是那么难。另外很多事情，如果我们早早地"以结果为导向"制订计划，当结果出了问题的时候，我们就能快速地找到"薄弱项"和"问题所在"。正因为结果强烈，所以容错性就会很低，因此在执行计划的过程中，会出现各种计划 B、计划C方案，让我们不容易陷入"困境"中，觉得自己还行，不把失败归咎于天命。

以结果为导向的人，会对失败更加敏感和在意，从长期角度来看他们也能从这份在意中受益很多。为什么会这样呢？因为他们会对自己的失败而愤怒和闷闷不乐。然而，冷静下来之后，他们会发现，正因为自己所做的很多事情都是针对结果，在失败的时候，就会很容易找到自己失败的地方在哪里，这些人会更快地从失败中吸取经验，从而做下一次的努力。渐渐地，失败对这些人来说反而不再是一件可怕的事情（最可怕的事情是未知），而是可以用来学习和获取经验的宝藏。

以结果为导向的人，随时知道自己走到了哪里，在制订计划的时候，他们是有进度条的，可以体会到自己的每一点进步，并为之欢呼雀跃。他们体会到阶段性胜利的快乐，也能扛得住阶段性压力带来的焦虑，能将生活中的社交和娱乐"量化"，从而更加舒服地享受它们。

写到这里，开篇的"怎么才能"的题解也就有了明确的答案，以结果为导向思维开展"怎么才能"，首先制订出2～3个不同的方案，然后在执行的过程中，不断地调整，尽管最后目标可能会有所偏差，但和想要的结果相比都不会差不多。

当然，我们在用"怎么才能"来驱动自己，以结果为导向思维去工作时，需要处理好以下三种情况。

第一，工作内容是交叉复杂的。我们每天都要计划不同的工作、服务不同的客户、满足不同的需求，而其中的优先级计划需要凭借对业务、公司、部门、计划的深刻理解，不断灵活调整，合理分配精力。

第二，工作限制是动态变化的。即使对任务、计划都了解得非常透彻了，还需要面对工作当中的各种异常情况，比如客户调整了目标、临时增加了活动，客户的资源不足、能力有限、环境改变、优先级的调整等。

第三，工作难度是逐渐上升的。以结果为导向做到50分需要50分的努力，做到60分需要70分的努力，做到100分则需要150分的努力，所以绝大多数团队不是能不能做到的问题，而是想不想做到与灵活协调落实的问题。

从工作角度层面思考上述问题，本质是战术层面的事情，想要突破这三个难点就不只是在战术上能解决的问题了。从战略层面来看，更重要的是选择和取舍，围绕核心反复思考谁才是你的真正客户、他们需要什么、我该怎么给他们解决问题。

/ 核心观点 /

　　"能不能"与"怎么才能"直接决定了一个人做事的态度。过程导向型思考和结果导向型思考没有对错之分，核心在于哪个在价值序列中排在最前面，并且具有压倒性的权重。

门面效应
摆脱习惯补偿的思维

我经常会在工作中问下属："这个项目何时能完成？"他们给出回答后，我通常会问："能否再提前两天？"他们多数会直接拒绝我："提前两天不大可能。"我便接着问："那提前一天呢？"尽管他们不太愿意但还是会接受，并在约定的时间内完成。这就是门面效应，一种让别人答应你提出的要求的方法。

门面效应又被称为"留面子效应"，来自我们常说的"给我留个面子"，它是人际交往过程中的常见现象。门面效应是一种折中的体现。拒绝别人并不是一件很容易的事情，当我们拒绝别人的请求之后，内心会产生一种内疚感，这时候，为维护自己的形象和价值感，我们会倾向于选择一种成本较小或折中的办法来平衡内疚心理，这就是所谓的"补偿心理"。

门面效应在生活中应用非常广泛，一方面可以通过提高工作效率实现组织或者个人的目标，但另一方面也可能会引发额外情绪，比如要求值和现实值偏差过大。

为什么会产生门面效应

每个人都想给别人留下好印象，因此，为了避免行为表现和内在认知之间的不协调，人们往往倾向于通过某种形式刻意展现。这种展现一方面可以得到别人的认可，另一方面可以让自己内心平衡。所以，当一个人拒绝了一个很高的要求后，就有可能接受另一个不那么高的要求，这就是门面效应。

门面效应主要用于周期短、目标较小的事情，偏感性层面，利用的是人的补偿心理。比如你让别人帮忙，他拒绝了你之后，会觉得很不好意思，处于惭愧或者迫于压力，想证明自己不是一个不愿意提供帮助的人，会比较容易接受第二个小的要求。文章开头提到的我请求下属提前完成工作的例子就是利用了这一心理。

与门面效应相似的是登门槛效应——当接受了一个微不足道的小要求后，就有可能接受另一个更大的要求。登门槛效应适用于周期较长、目标较大的事情，偏理性层面，需要一步一步说服对方。比如在工作中遇到棘手的问题需要他人帮忙时，可以自己先列一个框架，主动问别人哪里需要修改，最后询问能不能帮自己一同完成这个任务，对方为了保持前后一致的乐于助人的形象，也会愿意帮忙。之所以会产生门面效应和登门槛效应，有以下两方面的原因。

第一，认知形象的失调。在进行自我反思时，我们一般都会发现自我外在形象、个人行为和理想中的自己三者表现不一致的情况，这就是典型的认知失调。

如果有人请我们帮忙，第一次的忙假如我们帮不上，而我们又不想让自己的外在形象受损，那么便会产生亏欠的心理状态。为了让心理恢复平衡，减轻心理亏欠，如果对方再提出其他请求，我们会倾向于选择答应，不然就成了内外不一的人——内心希望自己仗义，实际上却不去帮助他人。

第二，坏形象与心理反差。首先，我们在努力给别人留下好印象的同时，还会力图避免给别人留下坏印象，即我们不喜欢别人对自己的负面评价。当我们拒绝了别人的请求时，会让我们觉得自己给别人留下了不乐于助人、不仗义的印象。于是，我们就会寻找机会来弥补，以改变负面的印象。因此，对方提出的第二个请求正符合这种愿望，我们多半便会答应。其次，心理反差也会起到产生错觉的作用。大要求和小要求会出现反差状态，一般来说，要求之间的差距越大，反差也就越大。比如，当你提出要扒开屋顶时，大家都会反对，然后你提出可以不扒屋顶，但要在墙上开个窗口，那么大家可能就会同意了。因为开窗户和扒屋顶相差甚远，大家在相比之下就觉得开窗户可以接受了。

避免陷入过度补偿心理

在门面效应中，当我们拒绝了一个高要求，而去接受另一个比较低的要求时，看上去这是在让步，其实是一种心理补偿机制在起作用。

心理补偿机制是一种平衡心理的自我保护机制，其本质是找到平衡点。良好的心理补偿能让人走向自我完善，得到满意的结果；而一旦补偿过度，就会深陷其中，周期过长，就会让人产生巨大的心理压力。

为什么会产生过度补偿心理呢？心理学家认为，多数人从小生活在以自我为中心的状态下，父母以我们为中心，对我们怀抱期待，让我们觉得做好事就会被认可、被关注，而犯错就是不好的行为。所以，大脑的潜意识会告诉我们，只要我表现得好、做得好，我在工作或者某些方面有价值，我才能被尊敬或者被爱。

因此，有过度补偿心理的人一部分会在生活或工作中充当老好人，对自己严格要求，谁都不敢得罪，对自己包容度低，反而对别人包容度极高；另一部分则会十分傲慢，因无法克服内在的自卑或者薄弱项，选择用另一种过度补偿心理来掩盖自己的内心。要避免陷入过度补偿心理，可以从以下三个方面努力。

第一，克服认知障碍。如果自己真的做错了什么，进行一次或者两次的心理或者物质方面的补偿后，就不要再继续了，因为再继续下去，就成了过度补偿。过度的付出，价值就会降低，最后就会变得没价值，不重要了。

第二，找到自身的吸引力。许多人为自己的性格烦恼，觉得性格外向就是浮躁，不稳重、不成熟；而性格内向就是高冷，不好相处。其实，我们不可能让所有人满意，重要的是要看到自己的优势。不爱说话，那表示沉稳；开朗爱交流，那表示健谈。只有发现了自身优势，才会吸引到有共鸣的人。

第三，约束自身行为。对于过度补偿心理，除了意识层面，还需要对行为进行约束，比如你不想因为和对象吵架而被对方讨厌，那不如给自己做个计划，每周定期发几次信息，其余时间不打扰对方，让自己投入其他事情中。约束自己的同时，也要根据对方的反馈，适当地做出调整。

用门面效应实现目标

在生活和工作中，门面效应和登门槛效应对目标的实现起到了巨大的作用。以前带团队的时候，我喜欢在月初给团队制订目标，因为工作年限、能力的不同，所派发的任务量也有所不同。有的伙伴能力有限，当给他们制订不合理的目标时，会因为达不到目标而遭受巨大挫折，灰心丧气，甚至出现"感觉自己不适合这个工作"的心理；有的伙伴能力强，如果目标制订的过低，会出现消极工作的情况，所以我会因人而异地利用这两种效应。文章开篇的例子就是典型的"门面效应"。下面我分享一个"登门槛效应"的例子。

比如，我要委派同事做一项比较困难的工作，我一般不会直接把项目交给他。首先，每个人的认知高度是有限的。其次，每个人不可能直接找到本质的方法论或者解决问题的方案。这样不仅会让他没有信心完成，可能还会出现投入大量精力却没有结果的情况，最好的方法就是利用"登门槛效应"。将大任务分解成为几个小任务，再将其中的一个小任务交给他去做，等他做好一个小任务后，再交付给他另一个小任务，当他把几个小任务同时都啃掉的时候，再把整个任务交给他。这样他不仅乐于接受，也能很轻松完成工作，并增加了自信心，这是作为领导的基本准则。

再举一个简单的例子。你喜欢一个女生，如果刚认识你就直接表达出"我喜欢你"的心愿，可能就会遭到拒绝，并且会让对方觉得你"目的不纯"。那么正确的方法是什么呢？自己要学会建立一个"低门槛"，让对方很轻易、很轻松地踏上去，然后再铺一个台阶，这样彼此都能够舒服。

因此，你可以让对方帮你一个小忙，作为答谢你可以提出请吃饭的请求，这样对方就会觉得因为她帮了你一个忙，然后一起吃个饭属于正常的"社交行为"。吃完饭后如果时间还早，你可以邀请对方一起看个电影。之后你们就可以一起参加一些社交活动，再约着上下班，这样谈感情就顺理成章了，对方同意和你在一起的机会也就更大。

在工作场景中也是一样，有时你要主动去麻烦别人、请教别人，然后你们的关系就会越来越好。反之，如果自己不主动去交流，别人就会认为你清高而难以相处。

登门槛效应的对立面门面效应也是一步一步的循环渐进的过程。如果贸然抛弃其中的某个环节，而想一步登天，就很可能会失败。门面效应也可以用在工作、生活中，如果你能学会，将受益无穷。

/ 核心观点 /

人们大多数时候不愿意直接接受一个非常困难或者复杂的要求，因为它不仅费力而且还不容易完成。相反，如果有一个小的请求，人们便不太会在意，从而会答应。这就犹如自己登山一样，一步一个台阶地去登，就会更容易登顶。

路径依赖
利弊相交的习惯陷阱

有个朋友对我说："每天晚上我都特别焦虑，明明前一天制订好了第二天的计划，可当天却没有行动，一直拖延。"我告诉他："因为你陷入了场景性路径依赖。"当我们沉迷于路径依赖，它就会对大脑进行不停地折射和刺激，从而让人上瘾并不断强化，时间久了我们便会失去耐心。

在现实生活中，有很多路径依赖的现象。找工作的时候，很多人优先选择国企或者公务员，不敢选择自己真正喜欢的工作；理财的时候，很多人由于担心风险，优先把钱存在银行里吃利息，不愿意冒着风险选择收益更高的理财模式，甚至不愿意去了解；去外面吃饭时，只会选择自己多年习惯的口味，而不会去尝试新口味……这些都是路径依赖的体现，他们在做决策时往往受制于过去的习惯，即使眼前的情况已经发生了变化，也很难做出改变。这种做法会使人们脱离实际，路越走越窄。

要想摆脱路径依赖，我们就要在做出选择前多问问为什么，仔细分析利弊，尽量考虑周全，不要害怕付出机会成本，逐渐找到符合实际的决策，从而实现自我提升。

关于路径依赖

路径依赖，也叫"路径依赖性"，这一概念最早出现在键盘制作领域，后来被著名的经济学家道格拉斯·诺斯使用在经济制度领域，特指人类社会中的技术演进或者制度的变迁，类似于物理学中的"惯性"。对于个人的成长来说，路径依赖使我们的每一次行动都在强化动机，最终形成惯性——大脑的自我保护机制会让我们自动选择曾经尝试过的事物或者走过的路，不管这条路是好是坏，我们都会坚决地走下去，而不会选择陌生的赛道，因为存在一定的风险。

根据影响程度的不同，路径依赖可以分为以下三种类型。

第一，低度的路径依赖。在开始的时候大脑呈现紧张状态，会时刻提醒自己这件事情该不该做、会不会损害自身的利益，或者会不会对自己某些方面产生影响。很多人第一次在微信朋友圈做"社交电商"时就属于低度的路径依赖，当这些人分享海报或者商品信息到朋友圈时会想"我要不要屏蔽熟人"或者"身边的伙伴会不会因此而议论我"。

第二，中度的路径依赖。其表现为意识清醒，但无法影响行为。自己知道这件事情不能做，或者长期做下去会让自己陷入不好的状态，但在现实状态下还是无法逃脱。比如，你知道刷短视频会上瘾，你也知道看的时间久了就会无法自拔，但是就是停不下来，因为它满足了自己内心的愉悦。

第三，重度的路径依赖。深陷消极的惯性中，不做任何努力去改变，并逐渐麻木，最后坠入深渊中。比如，前些年我们看到的一则报道说，高速公路收费站会因为技术的改革，取消人工收费而更改为AI识别。我想这种问题其实多数的从业者应该是可以察觉到的，但是仍然有一些人抱有侥幸心理，最后在无法选择时惨被淘汰。

从行为到意识，路径依赖在每个人身上都是真实存在的。生活中，由于每个人自身的认知都有其局限性，所以人们在面临复杂决策的时候，大脑就会习惯性地选择对已知信息进行加工处理，即用过去场景中使用的决策思维模式来解决新的问题。一方面，由于信息的不对称，了解新信息的成本过高，导致了认知懒惰；另一方面，由于不确定性，在复杂的环境中过去的成功经验会让自己产生盲目的自信，最终导致认知凝滞。

认知凝滞会从根源上使我们产生路径依赖，因为其背后涉及对时间、利益等因素的评估，所以其转化成本在某些方面也是巨大的。比如，一个人因为职业的发展瓶颈想转型，但是又担心学习新的技能而熟悉新的环境投入的时间巨大，并且不能直接带来收益，最后就会选择放弃了。再比如，一个人在重大决策面前一旦做出选择就需要不断地投入精力、财力，即使哪天发现自己选择的这条路不太合适，也不会轻易去改变，因为这会使自己以前的投入变得一文不值。

当然企业也会面临这种转化成本的问题。比如，我们经常看到一个公司因为某个业务瞬间强大起来，但是经过2～3年的发展就会面临增长瓶颈，因为转型困难重重，最后不了了之。因此，不同的路径依赖常常会产生巨大的差异。积极的路径依赖可以让我们养成良好的习惯，消极的路径依赖则会让我们陷入负循环中。

在工作层面上，积极的路径依赖会让我们在垂直领域持续深耕，越钻越深，最终成为专家或意见领袖；而消极的路径依赖会让我们的思维故步自封，即便发现错了也没办法及时跳出。企业的增长也是这样，积极的路径能够对团队、组织、市场起到正向的反馈作用，通过惯性和冲击力，产生飞轮效应，走向良性循环；消极的路径，比如文化不统一、团队价值观不合、组织管理纪律差，就犹如厄运的循环，会把企业慢慢拖垮。

如何规避消极的路径依赖

路径依赖的本质是消息化的内容对自身认知的强化，所以解决这个问题的核心在于让自己接受新的知识。但是多数人在接受新知识时会出现防御的状态。因此要接受新知识、规避消极的路径依赖，需要做到以下两步。

第一步，尝试突破信息的囚笼。信息囚笼本质上是指人们的信息领域会随着时间、习惯被自己的兴趣所引导，从而将自己的生活桎梏在像蚕茧一般的茧房中。所以，在日常生活中自己就要多关注除了兴趣以外的内容，然后学习不同的观点，对外界的信息保持开放和包容的态度，这样才能拓宽知识面，从而突破大脑中的信息茧房，找到更多的路径，避免错误路径给自己带来的危害。从执行层面上看，要破除这种茧房，需要做到以下四点。

第一点，除了学习新知识，应尽可能少在社交平台点赞、收藏，甚至转发，因为大数据会记录你的这些行为，并创造信息茧房。

第二点，注意知识获取的渠道，你关注的平台就是信息茧房。

第三点，走出圈子，成长本质就是要不断更换自己的社交圈。

第四点，独立思考，提升判断力。

第二步，舍弃沉没成本。当意识对某件事物产生依赖时，舍弃掉沉没成本是解决路径依赖最有利的一种方式。多数人在决定做一件事情的时候，不仅仅看这件事情未来对自己的价值，同时也会看过去曾经在这件事情上投入的程度（不限于时间、精力）。当发现一件事情的预期和自己想的不一样而想要改变的时候，及时止损，不要把目光放在已经付出的成本上，如果沉没成本过大而自己不舍得放弃，最终会为此付出更大的代价。

举一个简单的例子，在公交车站总有人会抱怨："车都半个小时了怎么还没有来，再不来就叫出租车了，不然就迟到了。"但是又过了一会儿，那个人可能还在那里等公交车，因为他觉得，如果现在叫出租车，过去等的这段时间就会被浪费掉，所以学会及时止损很重要。

利用路径依赖，助力成长

多数人的工作并不是刚开始就是现在做的，但是它确实是环环相扣的。要建立良好的职业发展道路，我们可以充分利用路径依赖的特性。

第一，要不断强化自己专注的东西。一个工作岗位代表一颗螺丝钉，其实很多螺丝钉工种的内容，只需要2～3个月就可以学完，而之后每天所做的只不过是重复前几个月的东西而已。所以，一定要注意积累自己的厚度——核心竞争力。当把本职技能学会，经过大量时间刻意练习之后，就要有意识地拓宽其他面，而不是一味地停留在某一个岗位或技能上。比如你能从社群运营到用户运营、活动运营、社区运营，甚至到整合营销这一条链路全精通，那么自己的核心壁垒便会高很多。

这显然有点难，因为它代表一个新的路径引入，需要有开放的心态。当别人需要自己协助完成某项工作的时候，不要推脱，要主动地接纳和学习。长期下来，你会学到很多岗位之外的技能，这些东西有一天说不定你也会用到。

第二，培养良好的路径习惯。良好的路径习惯是决定自己职业发展能够走多远、人生能够达到何种高度最重要的因素。人的定性取决于认知高度和行为意识，如果你一直强迫自己每天看书，那自己的认知每天也会随着时间的变化而变得有深度，看事情的维度也会有所不同。相反，有的人毕业后就不再学习了，那思维就会固化定性，因为这类人可能认为以前大学所学已经够自己在社会上生存了。

当我们要培养一个习惯的时候，刚开始一定是比较困难的，但是之后一定比刚开始要容易。优秀源于好习惯，而不是强大的自制力。很多人认为优秀的人是因为他们有超越常人的自我控制能力，其实不是这样的，人的自制力都差不多，都非常有限，真正的差距在于优秀的人善于养成好习惯，遇到棘手的问题，运用习惯的力量就会不费吹灰之力了。

/ 核心观点 /

正向的路径依赖可以重塑自己的三观。当大脑对某件事物形成惯性思维时，这件事也就不会显得格外困难了。我们每天都在博弈，旧观念不一定是对的，新想法也不一定是错的，但唯有突破，思维方式才能进步。

克制欲望
科学管理自己的欲望

王阳明曾说过："人须有为己之心，方能克己，能克己，方能成己。"意思是，人需要有一颗检讨自己的心，才能克制约束自己的欲望；能够克制约束自己的欲望，才能成就自己。有的人看到别人背着名牌包包，或者戴着名牌手表，自己也想要，结果发现如果拿出一笔钱去购买生活就会过得拮据。最后狠下心剁手背几天才发现，生活中似乎有些东西可有可无并不是刚需，只是被当时的某个场景冲昏了大脑。

这个世界我们面临很多悲剧，都是因为人欲望扭曲而造成的。克制欲望是件极难的事情，然而对自我有高要求，并严格去做，才是最好的自律。修身是为人处世的第一步，而修身第一步就是克制自己。能够克制自己的人，做事分得清轻重缓急，知道怎样处理生活、工作中的种种问题，遇到难题不会手忙脚乱，更不会束手无策。自律就意味着放弃——放弃不合理的奢望，放弃难以改变的惰性。要想保持身材，你就必须克制暴饮暴食的欲望；要想成为优秀的人才，就必须克制贪玩的欲望；要想拥有温馨的家庭，就必须克制自己轻易发火。

为什么要疏通欲望

欲望是世界上所有动物最原始、最基本的一种本能，从人的角度来看这是从心理到身体的一种渴望满足。欲望是多样化的，比如生存的需要、享受的需要、发展的需要等，这一切构成一个复杂的"个性化需求"结构，并随着周边的环境不断变化而发生变化。欲望也是一种大脑多巴胺的分泌系统。科学家将小白鼠的多巴胺系统去除，最后发现小白鼠丧失了欲望。没有欲望的小白鼠没有任何行动的意愿，即使渴了、饿了也不会主动去寻找食物。

试想一下，如果外力不能满足我们自身的欲望，我们会不会非常痛苦？欲望存在的意义本质上也是"生命自发系统中的一个部分"，它能调解生命状态的意义。既然欲望这么好，我们为什么还要进行控制呢？答案是因为满足欲望是"生命系统中解决当下局部困境的最优解"，但不是"核心的全部"。生命出现了问题，就会自动地寻找解决方法，刻不容缓地解决当下的"需求"，解决不了当下的需求，生命或者大脑就会发出信号。比如烟瘾犯了就想立刻去抽烟，但大脑当下不会站在长期角度去思考"长期吸烟有害健康"。欲望还是一种"心理自我感受的表现行为"，比如渴望、贪心、怀念、热爱、爱慕等，但其中"贪欲"和"色欲"是人们的公敌，它不仅涉及思想、主义、信仰、看法，还常常导致多数家庭的破灭，使人走上非法的道路。刺激产生的欲望不能得到满足的状态简单来说就是"爱与不满足",实质是看到别人有了什么而自己没有就羡慕和嫉妒的一种心理表现。

《劝诫全书》中有一段古训:"欲不除,如蛾扑灯,焚身乃止,贪无了,若猩嗜酒,鞭血方休。""欲望"的控制,对我们一生的发展起到了关键性的作用。利用好"欲望"可以助力我们成长,甚至成就人生,如果无法控制自身的欲望则会酿成悲剧。生活中不乏这样的例子,原来没有烦恼,当欲望之火被点燃后,烦恼就随之而来了。

如果我们对"欲望"不解,就会被现实中的某种行为"牵引着走",比如新闻频繁爆出的"某男子因为玩游戏花光多少积蓄""某中学生沉迷网络无法自拔"等。这本是对某个环境中的某个场景的沉浸,最后因为欲望得不到控制而深陷其中。

疏通欲望本质上来说就是基于"大脑中现有信息的总和"做出"事情全局的最优解"。比如我知道戒烟很痛苦,在最想抽的时候,思考长期吸烟的害处,那我就不能抽,这是站在一个"更高维的角度"处理问题的方法。为了自己的健康着想制造良好的生存条件,迫使"大脑"根据当下的情况预测未来。为了避免某种层面的伤害,大脑倒逼当下的自己展开行动。我们想要读书、想要学习、想要节制,本是防止未来有不时之需,这也是大脑站在"全局角度"做出最优解的一个过程,克制欲望本身也是一种欲望,归根结底还是大脑通过多巴胺刺激身体去行动的过程。

克制欲望的心理结构

普通人一般会采用压抑结构和强迫结构两种心理结构来克制欲望。

第一，采用压抑结构克制欲望。压抑结构比较简单粗暴，总的来说就是"想做一件事情，我就努力不让自己做"。节目比如现在80%的人无聊的时候就是刷手机、看网络综艺节目，压抑结构就是"我不去看""我不碰它"。但不碰、不看不代表这个需求就得到了"有效的解决"，大脑只会让需求转移。因为产生了刷手机的需求，虽然不看，但欲望并没有满足，你就要思考用另一件事去转移大脑的这个需求。

下面我们一起来分析一下压抑结构的整个路径。首先，大脑产生了刷手机的迫切需求，然后通过计算得到了解决方案，就是"当下赶紧行动起来"，并且逐渐形成了"欲望"。这时大脑就会思考，这件事情对自己有无害处、会不会带来不好的结果、要不要去做，最后得出结论，如果是"不能去做"，需求在大脑中就不能得到解决。如果思考的结果是"可以去做"，最后得到的结论便是"立即去做"。这当中大脑平衡的两个方面其实是"当下的利益和长远的利益"。那么"当下的利益和长远的利益"会不会冲突呢？答案是会的。

一般而言，当下场景被否定的行为都不是非即刻的需求，解决的最好方式便是改变当下的解决方案，同时兼顾长远的利益和局部的利益。比如我想玩手机，但是今天还有重要的事情要去做，那么我就把"重要的事情"排在第一位，待完成了，再奖赏自己玩一个小时的手机。这从需求层就发生了转移变化，用我要做的"重要的事情"掩盖了"不重要的事情"。

第二，采用强迫结构克制欲望。强迫结构的克制欲望往往不能够实现真正的克制，它只能解决当下的问题，最好的形式就是给"大脑的需求"找一个"新的需求"，用新的欲望去替代旧的欲望。

下面我们来一起分析一下强迫结构克制欲望的路径。首先我们分析"意识结构"。大脑一定是站在"全局的角度"思考强迫的东西的，提示我们该做这件事情，但是另一部分大脑也预测到"做这件事情可能比较痛苦"。行动之后，可能不会变好，还会变得更加糟糕，因此就没有了"行动的欲望"，但是大脑经过全局思考还需要迫使自己去做，最后就出现了"强迫"。

强迫的本质是因为大脑中的"长期利益与短期利益"发生了冲突，并且"长期"的状态过剩，大于"短期"。同样，此时被否定的行为就是"非长期的利益"。那么，这个时候该怎么办呢？答案就是"改变解决方案"。就像写方案一样，不想写的时候，自己就是坐在办公室一天也写不出来，即使强迫自己，结果还是一样。

"思考大脑当下的欲望是什么"，不想写方案，肯定是因为有另一个需求存在，比如你可能状态非常不好需要调整，也可能是因为下午有个会要开而需要准备资料等。当找到了"另一个欲望的源头"并满足后，再去写方案就会非常顺利。所以强迫结构的克本是一种"行动和大脑的对冲"，最后大脑也痛苦，行动也痛苦，就不如不做。

"坚持就是胜利，做事情要坚持。"这句话其实就有强迫结构的克制欲望的特征，即自己不想做某件事的时候，强迫自己去做。比如我现在不想看书，但大脑全局思考的结果是不看书就不会进步，就会出现"强迫"的情况。

压抑结构和强迫结构的克制欲望都不能从本质层面上解决"欲望的问题"，找到"核心大脑的那个诉求"，把诉求产生的需求解决掉，欲望才会减少，才能得到有效的克制。

克制欲望的正确方式

通过前面的分析，我们要清晰地认识到克制欲望不是单纯的"堵"，也不是单纯的"强迫"，克制欲望是一个"疏通的过程"，是将闭塞转化成为动力，是对原有欲望的拆解。只有当"克制欲望"等于"欲望驱动力"的时候，我们才能够成功克制欲望。所以，在成长中，当某种欲望到来的时候，我们不要一味地去压抑，而是去"疏通"。疏通可以让湖边的水流改变流向，从而阻碍贡献了一部分力量，引导也贡献了一部分力量，达到了平衡的状态，这样不需要很强的控制力，就能够避免糟糕的事情发生。

从某种层面来说，引导驱动力越弱，克制欲望的行为就要越强，反之也是相同，克制欲望的行为越弱，引导驱动动也就要越强。比如你想克制自己玩手机，那么就要引导自己做另外一件事，而不是直接"堵塞"。比如自己想玩游戏的原因是"无聊""内心缺少快乐"，玩游戏是方法、是道路，最终的目的是得到快乐，而得到快乐的方式有很多种，比如看电视、电影，做自己喜欢的运动，或者看看搞笑的视频等，所以设计良性的替代方案就显得颇为重要。

想要让自己不做一件事情，就找另外一件事情替代它，但在第二条方案中，由于每一种方案对于生命长远的价值表现的也都不一样，这个时候我们就需要在众多次要的方案中选择最好的一个。

就像我让父亲戒烟一样，瓜子和薄荷糖是两种选择，但是多巴胺是心理过瘾，等同于吃薄荷糖时清凉的感觉，瓜子可能预期效果就要差一些。通过这样的方法，既调和了当下的价值需求，又满足了长期的意义。

那么，对于那些"比较难，结果却很美好的事情"，我们如何设计方案让自己不那么压抑克制欲望又容易完成呢？

第一，分析法。面对这种情况，我们可以分析事情比较难不愿意做的核心原因，找到原因才能改变。比如你明明知道读书有利于拓展自己的认知边界，可就是觉得沉下心来比较难。

在分析一件不愿意做的事情时，情绪感受就成了"信号灯"。一件事情不愿意做，往往有两种诉求：要么是预期行动后没有得到自己想要的奖赏机制，要么是当下行动后没有太大的作用。所以通过分析法，就可以针对内心的核心诉求对症下药，比如读完一本书，奖励自己吃一顿大餐。

第二，假设法。用分析的方式找到"原因的通路"，但是这种通路中又有很多的"小环节"，这时就可以用假设的方法验证"通路中的小环节是否奏效"。我们知道，分析问题的核心是"解决问题"，分析的方法终究是解决问题的一种，那么我们为什么不能反推一下呢？假设我选择A方法，会给自己带来什么成就；选择B方法，会带来什么不同的结果。这种方法就是跳出了分析的思维框架，直接寻找能够改变结果的东西。

/ 核心观点 /

> 欲望的出现说明身体有了需求，出现了需要解决的问题，压抑或者强迫只会出现更恶劣的反应。克制欲望的本质应该是试图更加有效地从"对抗状态"变为"疏通状态"。

牢骚效应
远离喋喋不休的抱怨者

每个人都会有坏情绪，有时只靠忍耐很难让坏情绪消失，这时我们必须找到一个发泄渠道，把心里的不满和愤懑统统发泄出来，这样才能让心情舒畅。发牢骚就是这样一种发泄情绪的方式。

哈佛大学曾做过一个实验：要求心理学家去工厂找工人谈话，规定在谈话的过程中，心理学家要耐心倾听工人们对厂方的各种意见，并且做好详细记录。与此同时，心理学家对工人的不满不准进行反驳。两年后发现，这个工厂的效率得到明显提升，产量、规模也得到大幅度增长。这就是所谓的"牢骚效应"，或者称为"霍桑效应"，从字面上理解它可能是一个贬义词，但若恰当地进行引导和运用，它可以激活一个人向上的动力。

日本的一些企业就很重视员工情绪的发泄，松下公司就是如此。松下公司专门为员工开辟了发泄室，里面摆放着一些玩偶，上面贴着松下幸之助本人的照片，员工可以在里面抽烟，或者用竹竿随意抽打人偶，或者干脆拳打脚踢，以便发泄心中的不满。

我们为什么爱发牢骚

人的需求一般表现为生理需求、安全需求、归属需求、自尊需求和自我实现的需求。牢骚的形成是由于我们的某种需求没有得到满足，并且对结果和事物产生了不满的情绪。日本一位学者提出P-N理论，来说明个人牢骚产生的原因。他认为，每个人的思想好比是一台广播电台，它不停地用两个频率相当的频道给人推送信息，即P频道（积极频道）、N频道（消极频道）。所以别人对你的评价也分为两种：积极的和否定的。积极的就是P，否定的则是N。如果你选择了P，就意味着积极正向面对；如果选择了N，也就面临着牢骚。

如果你把频道切换到P（积极正向），便会得到另一种观点，别人对我还是蛮在乎的，不仅想到了我的优点，还给我提了这么多的建议，他们是希望我越来越好，我应该深刻复盘一下，朝着优秀、积极的方向去努力。这种人能够正确地分析自己的长处和短处，也能够客观地评价和接受他人的建议，很少产生不满的情绪。如果你把频道对准N，便会出现负面的想法，"我怎么这么差劲""我怎么这么不受欢迎"等。这些消极悲观的情绪会使自己陷入犹豫自责当中，慢慢地心态就发生了变化，觉得惭愧，产生抱怨、不满等。

另外，牢骚也是一种心态的表现，是社会中普遍的生存现象。牢骚的产生和个体本身特征密切相关，个体对自己的认知程度关系着牢骚问题能否很好地解决，同时社会的文化素质、文明程度也对牢骚的形成产生不可忽视的影响。

我们遇到的事情总会事与愿违，在人生的旅途中，挑战、竞争、压力、挫折是不可避免的，但是对待事情的态度却因人而异，有的人选择了绕道而行，有的人选择了迎难而上，这与每个人的认知结构密切相关。认知结构复杂的表现之一是看问题是否善于"从多维度进行评价"，认知结构越复杂，对人对事越善于从多方面进行分析评价，这时所产生的情绪体验就越温和，也不会急着去下定义。相反，认知结构越简单，对事物进行评价所产生的情绪体验就越强烈，看问题也只会从单方面去观察，抱怨、牢骚、不满甚至愤恨等不良心态也就越容易产生，而且遇到急事容易着急下定义。

同时，责任感的强弱也影响着对事物的看法以及随之采取的行动。责任感是指个体对自己面对所发生的事情持有的态度。有责任感的个体能够自觉又心情愉快地做好自己的分内事，还能帮助别人完成任务，既对自己负责也对别人负责。没有责任感的人则对什么事情都抱着无所谓的态度，往往对自己的本职工作都推三阻四，更不用说别人的事情了，稍有不顺就牢骚满腹、抱怨不断。

所以，一个有良好认知结构的人往往能从各个维度去分析问题，然后从整体角度去处理解决问题。富有责任感的个体更会责无旁贷地担当起重任，那么牢骚就不会在这样的人身上出现。

突破牢骚的内在循环

牢骚具有一定的传播性，既可以让一个人进入负循环的状态中，无限循环牢骚，产生抱怨而最终放弃对某些事情的投入，也可以让一个人从"牢骚中"积极地走出来，面对困难不放弃，最终坚持下去。这一方面取决于自己发泄的受众对象是谁，另一方面取决于别人是否对自己有一定的正向性引导。当自己因为一个困难不能前进的时候，你找到的交流对象同样层次不高，那么就会从"负向"到"负向"，最终就很可能会选择放弃。就像上学的时候，我们经常听到一些学生说"听什么课，旷课去玩游戏去"。当身边有两三个人同时这样说时，自己就可能会被影响。

这就是牢骚非常典型的症状。当别人抱怨工作困难时，如果你也跟着一同抱怨，最后产生的结果无非就是"不做了""辞职算了"，最终就会放弃，所遇到的困难没有解决，只是自己选择了逃避而已。

我们认知到"牢骚"对自己做事或者成长有巨大阻碍，就需要及时地做出调整策略，大部分的牢骚抱怨者期待的并不是"回应的内容",而是"回应问题"的本身。其实回答什么都是无关的,他们本来就有能力自己解决问题,并且注定要自己解决问题,牢骚只是对困难的一种"表现特征而已"。因此,牢骚走向正向性需要自我调节与别人引导两个方面。

第一,进行科学的自我调节。当遇到困难、问题发牢骚的时候,自律的人大脑就会有两种选择:牢骚是在左脑与右脑中相抗衡,当左脑因为困难产生牢骚反应时,右脑会立刻发出"不行"的指令,然后指示身体不要这么做。如果左脑发出困难指令,右脑不能够克制,就会形成"放弃的指令",所以可以采用目标感与奖赏机制来进行自我调节,目标是驱使一个人前进最有力的动力之一,当某件事情的完成可以让自己获得精神上的满足或者物质上的满足时,当下右脑"克制牢骚"的指令也会战胜左脑。

第二,进行合理的引导。如果一个人因为各种小问题的发生而发牢骚,那么倾听者对"牢骚"发出人也起到至关重要的作用。当倾听者说"发牢骚没有用,你得想办法去解决问题,牢骚根本解决不了问题",那么可能发牢骚的人就会改变自身对事物的看法。有些牢骚还代表着顾虑、责任。就像我们的父母经常说的"我为你操心呀",像这种牢骚就没有对错之分了,这只是一种内心的宣泄方式,合理地引导宣泄,更有利于发牢骚的人放下顾虑去做事情。

如何应对发牢骚的人

我的情绪为什么会被他人所左右，这是多数爱发牢骚的人遇到的问题，因为爱发牢骚的人一般都过于关注别人对自己某些事情的反馈或感受，而忽略了自己内心真正的想法。那么面对爱发牢骚的人，我们该如何应对，帮助改变其不良的习惯呢。沟通是一种机制也是一种工具，良好地运用沟通能力可以化牢骚为动力。

对于牢骚发出者来说，多数的倾听人很容易失去耐心，觉得这个人很烦，甚至害怕和他说话，因为他缺乏安全感、焦虑、害怕，所以才唆使他不停地去强调内心想要表达的想法和情绪。而这些情绪希望被倾听者理解和接纳，当牢骚发出者感到所表达的内容没有得到接纳甚至解决的时候，他们就会开始找身边最亲近的人再次吐槽。

事实上，每一个牢骚发出者最希望倾听者了解他的感受有多糟糕，仅仅只是想让你接纳他的想法，得到认可而已。在这种情况下，如果我们不幸成为一个倾听者，安慰就很少能起到作用，更不要企图直接去改变他当时的内心想法了，这只会让他更加烦恼和暴躁。

遇到发牢骚的人，不要让"爱发牢骚，我不喜欢"这个主观思想左右你的情绪，这里可以用一句："我理解你。"当牢骚发出者对于现状不满，用力地去表述，我们不能用"没关系"就结束了对话，我们要学会将牢骚提出者引导到正向行为的路径上去。

你要很自然地去倾听，在某些事情上点头认可，就可以在困境中发挥神奇的作用。发牢骚的人通常无法改变局面，但是你的积极倾听，能让他的情绪得到某种释放，得到理解和接纳后他也会对遇到的事情释然，从而放下这个所谓的包袱，不再一而再再而三地向你重提，因为他也不想当个令人讨厌的人。你的接纳和理解会让他对你更加信任和亲近，因此倾听别人发牢骚可以减少感情的摩擦，是促进同事、朋友感情的一个黏合剂。在这里，分享三句我经常对发牢骚的朋友说的话。

第一，"你的感受和行为是什么？"这句话会让对方说出他对某件事情的看法以及别人的看法，描述出自己的感受，有利于牢骚发泄后打开心房，让他更容易相信你在用心倾听，并且给予有意义的指导。

第二，"站在别人的角度，你会如何想？"这句话有利于让发牢骚者去思考别人会怎么看这个问题，别人对我的做法是否能够接受，达到反思的效果。

第三，"如何调整自己，下一步打算怎么做？"这句话起着非常关键的作用，多数人喜欢在和发牢骚的人沟通后告诉他该怎么做，其实这并不是最佳的教练状态。应该引导他自己说出如何调整，下一步怎么去行动，若行动中遇到问题该找谁去求助，这才是引导性方案，才能让一个人成功地跳出"牢骚效应"。

/ 核心观点 /

我们有各种各样的愿望，但真正能达成的却不多。对于那些未实现的愿望和没有满足的情绪千万不要压制，而是要找到合适的人宣泄出来。这对我们的身心成长、工作效率的提升都是非常有利的。